U0908709

地理学评论

（第八辑）

——中国政治地理学：进展与展望

刘云刚　主编

2017年·北京

图书在版编目(CIP)数据

地理学评论．第8辑，中国政治地理学：进展与展望/刘云刚主编．—北京：商务印书馆，2017
ISBN 978-7-100-15466-6

Ⅰ.①地… Ⅱ.①刘… Ⅲ.①地理学—文集 ②人文地理学—文集 Ⅳ.①K90-53 ②K901-53

中国版本图书馆CIP数据核字(2017)第256228号

地理学评论(第八辑)
——中国政治地理学：进展与展望
刘云刚 主编

商 务 印 书 馆 出 版
(北京王府井大街36号 邮政编码100710)
商 务 印 书 馆 发 行
北 京 冠 中 印 刷 厂 印 刷
ISBN 978-7-100-15466-6

2017年11月第1版 开本 787×1092 1/16
2017年11月北京第1次印刷 印张 14

定价：33.00元

致　　谢

“2016国际政治地理学前沿论坛”的举办和本刊的出版，得到了国家自然科学基金项目“面向社会管理的政治地理学理论与实证研究(No. 41271165)”、王宽诚基金会、中山大学科研院和地理科学与规划学院、广州地理所、中国地理学会、广东省地理学会等单位和各位国内外同行专家的大力支持和资助。特此表示感谢!

寄　语

地缘政治学由瑞典学者基伦提出。其后在“二战”中，德国人豪斯浩弗提出用其为希特勒发动战争提供理论依据，结果给世界各国带来巨大的破坏和损失，也引起政治地理学者的批评和世界的公愤，自己最后也自杀而亡。正是这一原因使地缘政治学在战后成为不受人们欢迎的科学，被赶出学堂。直到20世纪的80年代以后才再出现。

德法两国彼此在欧洲相互交战不息，特别是“一战”、“二战”，双方遂成为世仇，两个国家与民族处处对立。“二战”后，一位法国酒商企业家莫内发现德法两国一个有铁，一个有煤。“二战”期间，法国东北阿尔萨斯、洛林出煤，德国鲁尔工业区有铁矿，为德国发展重工业、制造武器。因此，莫内说服其老友舒曼(法国外长)，德法可以煤钢联营，彼此合作，以逐渐消除对立。结果，德法两国同意，加上比利时、荷兰等实行“欧洲煤钢联营”(1952年)。此后，发展成为“关税同盟”、欧洲经济共同体(1958年)、“欧洲自由贸易区”，最终形成了“欧洲联盟”(1993年)。这使一战、二战起源地的欧洲成为区域合作的共同体。这种共同体的出现，可以说是走向世界一体化的重要起步，现在又出现了“八国集团”“二十国集团”。与此同时，世界又出现多极化。经济的交往致使环境问题加重。如何避免大国的冲突，促进合作应成为目前政治地理学者的重要使命。

我国的文明历史有四千年，比埃及、巴比伦晚一千年。但是，我国的文明历史没有中断过。由于受儒家思想影响，讲仁义道德，守信用，与人为善，可以说是路遥知马力，日久见人心。特别是《礼记·礼运》中，孔子曰：“大道之行也，天下为公，选贤与能，讲信修睦。故人不独亲其亲，不独子其子……货恶其弃于地也，不必藏于已；力恶其不出于身也，不必为已…… ”对治国之道的影响是很深的。

我认为，门罗主义是美国把拉丁美洲垄断为自己的后院，成为自己发展和为其霸权服务的基地，结果拉丁美洲长期失去了自己的主权与发展机遇。莫内促推下的欧盟是商人互利下结盟的区域集团，上合组织是中国、俄罗斯、印度与穆斯林四种文化合作下的产物。这种形式的变化，对世界一体化的发展是重要的。政治地理学应当研究为世界各国家的合作与人地和谐找出新途径。

我的体力，看书只能时断时续，难以持续。写字手不稳，很慢。不能到会，谨致祝贺！希望广州会议集思广益，体现大国文化之邦的气度，为国人学界做出贡献！

祝会议成功！

王恩涌

2016年7月26日

目　录

前　言

2016 年 8 月 17～21 日，国际政治地理学前沿论坛暨第 33 届国际地理联合会大会政治地理委员会前置会议在中山大学成功召开，本书是这次会议的报告和内容实录。因为许多发言、报告弥足珍贵，因此决定结集出版。

国际地理联合会政治地理委员会(IGU-CPG)前身是成立于 1984 年的世界政治地图研究组，1988 年第 26 届国际地理联合会悉尼大会上正式成立委员会，首任主席是国内熟知的人文地理学家 R. J. 约翰斯顿。另一主办单位边界/边境研究学会(ABS)是目前全球最大的边界/边境研究学术组织，成立于 1976 年，许多成员也都是地理学出身。上述两个组织目前均在国际地理联合会非常活跃，但中国学者参与较少。最近几年北京师范大学、云南师范大学、中国科学院地理科学与资源研究所、华东师范大学等单位组织国际会议，邀请对方一些成员来华，双方的交流开始增多。但在既有的交流中，中西方平行讨论较多，话题交叉较少。西方学者来到中国，仍然继续原本在欧美的研究话题，继续与欧美同行对话，只不过是换了会场地点。这种演出式的交流方式，对双方学者的学术带动作用均有限，反而可能增加了彼此的相互轻视与陌生感。因此，适逢 2016 年国际地理大会(IGU)在北京召开，我们于是在 2014 年末向 IGU-CPG 和 ABS 提出申请，作为配合 2016 年北京大会的一项活动，申办“2016 国际政治地理学前沿论坛”。这项提议在 2015 年国际地理联合会莫斯科大会上经答辩、委员会讨论得以通过。我们确定了会议以 IGU-CPG、ABS 加中国地理学会三方主办的方式，同时确定会议的主题为“东西对话：政治地理学研究新进展”，下设“政治地理学”“边界/边境研究”“领域与管治”三个对话领域。

会议经过近一年的筹备如期召开，共有来自英国、美国、加拿大、澳大利亚、荷兰、芬兰、日本、新加坡、巴西等 13 个国家和地区、49 所高校和科研机构的代表出席，与会注册人数 130 多人，有 78 人参与了本次会议的发表和评议工作。在中国方面，虽然没有政治地理学的专门组织，但各领域与政治地理学相关的研究机构和研究人员迅速聚集起来，在这次会议中实际展现出了超乎想象的与西方学者的对话能力，令西方学者都大为惊叹。当然还有部分学者因为种种事务未能出席这次会议，留下遗憾。在日程安排上，这次会议着力突出“东西对话”主题，每一个主题发言都有中西方学者的对话对垒。在语言上使用全程中英文同声传译的方式，也力图最大限度地实现平等的东西交流。这次会议更新了一些西方学者对中国政治地理研究匮乏的想象和偏见，同时也消解了国内对于西方政治地理学研究的一些困惑和理解误区，拉近了东西方学者在政治地理研究议题上的疏离。尤其对于年轻学者，这次交流想必会对他们今后的学术人生起到重要的作用。作为会议的组织者，我们希望这次交流能够推动双方的相互激发，尤其是推动中国国内关心政治地理学的青年学者的成长。中国如要摆脱并超越西方政治地理研究的羁绊，形成中国自身的理论与方法，需要寄望于当下的年轻学者，而这也是这次会议的最大使命。

这次会议得以圆满召开，要感谢国内外同行和相关机构的大力支持。首先是国际地理联合会政治地理委员会的 Takashi YAMAZAKI、Virginie MAMADOUH 两位主席，边界/边境研究学会的 Jussi LAINE 秘书长，美国地理学会原会长 Alexander MURPHY 教授，中国地理学会原理事长陆大道院士，北京大学王恩涌教授，中山大学许学强教授、研究生院院长保继刚教授、地理学院院长薛德升教授，中国地理学会张国友副理事长，没有他们的指导和支持，这次会议不会如此精彩。其次是要特别感谢支持这次会议的嘉宾们，尤其是新加坡国立大学的 James SIDAWAY 教授、美国科罗拉多大学的 Tim OAKES 教授、美国俄勒冈大学的苏晓波副教授、英国杜伦大学的 Joe PAINTER 教授、加拿大卡尔顿大学的 Victor KONRAD 教授、日本九州大学的 Akihiko TAKAGI 教授、巴西南里奥格兰德联邦大学的 Adriana DORFMAN 教授、芬兰奈梅亨大学的 Martin VAN DER VELDE 教授，香港大学社会科学学院副院长林初昇教授、华南师范大学副校长朱竑教授、广州地理研究所张虹鸥研究员、北京师范大学葛岳静教授、华东师范大学杜德斌教授、北京师范大学周尚意教授、东北师范大学袁家冬教授、云南师范大学骆华松教授、山东师范大学任建兰教授、广州大学肖星教授、北京大学李贵才教授、南京大学黄贤金教授等一批专家学者的鼎力支持。再次是要特别感谢这次会议组委会的各位成员，梁育填副教授、杨忍讲师、冯雷研究员、张丽屏研究员、周雯婷博士后、温一红老师、黄惠珍老师，侯璐璐博士、王韬博士、陈慧博士、张悦、魏敏莹、王博雅、吴寅姗、成婷婷、姚丹燕，以及其他的志愿者同学。

会议的举办离不开资金的支持，也要衷心感谢中山大学地理科学与规划学院、广州地理研究所和王宽诚基金会给予的无私资助。这次会议也是国家自然科学基金项目“面向社会管理的政治地理学理论与实证研究(No. 41271165)”计划的一部分，因此诚挚感谢国家自然科学基金委的支持。

最后，感谢商务印书馆的李平副总编辑、李娟主任、颜廷真老师在百忙之中如此迅速、细致地应对本书的出版，在此表示诚挚的敬意和感谢!

刘云刚

2016 年 11 月 5 日

开　幕　式

刘云刚(中山大学)：

各位朋友，大家好！欢迎各位来到广州。欢迎各位出席本次国际政治地理学前沿论坛！

首先，请允许我稍占用些许时间介绍一下举办本次论坛的背景和设想。

我们都知道，政治地理学这门学科源于欧洲，现在主要兴盛于英语圈国家，中国在这方面尚属刚刚起步。但是，欧洲因为受到“二战”时期德国地缘政治学的影响，曾经与纳粹的历史发生联系，给世界各国带来了许多伤痛。这种记忆的阴影一直在影响着现在的欧洲地理学者，我觉得这也是欧洲政治地理学近年发展比较谨慎保守的原因之一。“二战”后英语圈的政治地理学逐渐发展起来，现在成为全球政治地理学的主流，是我们主要学习的对象。不过，由于20世纪80年代后英美后现代社会理论开始流行，我们看到的又似乎比较多的是带有后现代主义批判色彩的、比较关注日常生活体验世界的、偏向思辨的成果，在某种意义上和欧洲之前的政治地理学已然是截然不同的两个话语体系。也因此，我们不能期望当前的英美政治地理学，能够像“二战”时期的欧洲的地缘政治学那样，产生那么巨大的社会影响。况且，当下的政治地理学，正如北京大学的王恩涌教授所说，“不应该再面向战争，而应当研究如何为这个世界的和平、各国家与地区之间的友好合作、全球环境中的人地协调，为这个世界更美好做贡献”，应该成为面向和平、面向合作共赢的理论体系。这才是政治地理学者应该努力的方向。这种面向和平世界、具有建设性的政治地理学，我觉得应该是中国政治地理学发展的主流方向。

中国直到现在农村都没有普及有线电话，第一代、第二代、第三代手机都落后于欧洲和美国，但如今我们直接普及的是第四代和第五代移动通讯。现在我用的是华为手机，手机购物、预约、支付功能都是全球最先进的，并且是国产的。我看到很多欧洲和美国的同行还在用上一代的手机。我觉得学科发展也是一样的道理。中国现在面对着全球最为丰富的政治地理实践，中国有四千年不间断的政治文明，其间孕育了丰富的政治地理思想，政治地理学理应有很好的发展。中国的孔子曾经说过：“大道之行也，天下为公，选贤与能，讲信修睦。”这就是东方传统的世界观，讲的是“王道”，与西方讲“霸道”的世界观想法是不同的。中国也一直有“和而不同”的说法，里面的这个“和(HE)”字翻译成英语是没有的，它是一种东方思维。中文里的“自然(ZIRAN)”翻译成英文是“NATURE”，但中文的“自然”里是有人的，“自然”就是“人地和谐”。而英文的“NATURE”就是纯粹的自然，里面没有人。这说明，东西方看待世界的方式、解决世界冲突的方式都是有不同的。面对如今日益严重的恐怖主义、经济衰退、环境破坏，西方常用的方法是“治”和“理”，但东方思维更讲“和”与“自然”。这是古老的东方文明与智慧。我们看到最近的南海争端，中国与邻国的一些冲突问题的处理中，我们就运用了“和”而不是“治”的思想。我想，以此类推，面对许多问题东西方其实都是可以进行交流的，可以相互学习的，这样会推动不同的思维碰撞，进而推动新的理论产生，推动政治地理学的发展，这是我的想法，也是期望。

当下有一些国外的朋友，对中国、对中国的政治地理学存在这样或那样的看法，有些学者从未来过中国。我也收到一些邮件，有些学者对是否应该来中国参加这次会议感到踌躇。另一方面，可能一些中国学者同行也囿于语言不好等问题，导致中西方学者双方的交流不是很顺畅。目前在英文期刊上用英文写的关于中国的政治地理学论文，大都是由一些中国的留学生或早期移居国外的学者所著，他们对中国的政治地理的问题、现状，中国的政治地理思维和文化理解是有限的。反之，英语圈的学者也囿于语言、政治等因素，对中国的问题研究总体较少，与中国的学者交流较少。我觉得，这是造成今日之东西方政治地理学隔阂的主要原因。这使得双方对“政治地理学”的概念、内容和愿景的理解存在诸多不同，并进而影响到双方进一步交流的意愿。

就这一点上而言，我今天要特别感谢如约莅临这次论坛的诸位嘉宾，感谢国外不远万里、千里来到广州参会的各位学者，也诚挚感谢我们国内的各位专家同行，感谢大家百忙之中前来参加这次会议。希望我们能平等坦诚地交流，希望这次会议是一个美好的开端，让我们一同见证一个真正的东西方政治地理学深度交流的时刻。

政治地理学容易受到意识形态、政治立场、语言、信息非对称性等因素影响，因之“交流”、“对话”尤为珍贵。当今世界的政治地理研究不可能避开中国，而中国的政治地理学者也需要汲取西方知识的营养，东西方的对话和交流将为重启全球政治地理学发展提供有利条件。我相信，基于中国悠久的政治文明、丰富的政治研究实践，中国一定会为全球政治地理学的发展提供令人耳目一新的知识贡献。也在此呼吁全球的政治地理学者，关注东方，让我们一起见证东方政治地理学的成长！

本次会议的主题是“东西对话：政治地理学的前沿进展”。我们设置了三个半天的主题交流，分为五个专场。每个主题我们邀请了该领域最为知名或最新锐的东、西方学者进行主题演讲，并着力增加会议讨论。会议全程进行中英文同传，目的是最大程度地减少语言信息损耗，增进彼此的交流质量。同时我们积极鼓励年轻学者和中国内陆地区学者参会，对他们尽可能给予财务和会务支持。我衷心希望这次会议能够影响和带动中国的政治地理学，特别是带动年轻学者的成长。

最后，对于支持这次论坛召开的各组织单位，对于到会的各位嘉宾、朋友再次表示诚挚的感谢！祝大家在中山大学开心交流、收获多多、生活愉快！

谢谢！

（2016 年 8 月 18 日下午，小礼堂）

第一部分

东西对话:新政治地理学

主 持 人:张虹鸥　广州地理研究所
葛岳静　北京师范大学
Takashi YAMAZAKI　Osaka City University
朱　竑　华南师范大学

主题发言:陆大道　中国科学院地理科学与资源研究所
Alexandcr MURPHY　University of Oregon
刘云刚　中山大学

评 议 人:James SIDAWAY　National University of Singapore
George LIN　Hong Kong University

我的视野中的世界地理政治地图

陆大道

（中国科学院地理科学与资源研究所）

主持人张虹鸥：尊敬的陆大道院士，大会主席刘云刚先生，各位来宾，大家下午好。非常感谢大会给我这样的荣誉主持本节会议，刚才听了刘云刚教授的介绍，感觉本次会议应该说是一个高端学者云集的论坛，组织得非常好，使人印象深刻。我代表我的单位预祝大会圆满成功。

今天下午首位演讲的嘉宾是来自中国科学院地理科学与资源研究所的陆大道研究员。陆大道研究员于1963年毕业于北京大学，长期从事经济地理学、国土开发和区域发展方向的研究，20世纪80～90年代在德国作访问和教学。他在2003年当选为中国科学院院士，曾经担任中国地理学会理事长和中国科学院地理研究所所长。陆大道研究员近五年主要关注新型城镇化、地缘政治与地缘经济、中国地理学发展等领域的问题。今天他所作的报告主题是"我的视野中的世界地理政治地图"，有请陆大道研究员。

陆大道：各位来宾，女士们先生们，大家下午好。

今天我的题目是"我的视野中的世界地理政治地图"。中国创造了经济增长的世界奇迹，充分展现了中国人民和中国政府巨大的财富创造能力，中国经济总量赶上并超过美国已经毋庸置疑。中国的迅速发展正在改变全球的地缘政治格局，同时中国也面临着巨大的地缘政治压力。

中国未来必须拥有清晰的、科学的全球观点和全球战略。我们的国家领导人习近平总书记提出来的"中美新型大国关系"和"一带一路"倡议，就是今天中国的全球观点和全球战略。这个战略就是要体现中国新的发展时期的全面对外开放战略的基本要求，希望营造一个各国间经济、贸易、技术、文化交流合作的大平台，同时也希望这样一个战略可以遏制战争势力，构造一个全球地缘政治安全的大格局。从中国的东南海疆来看，我们地缘政治的压力很大，但是从全球的地缘政治环境来看，情况是乐观的，所以我们对于全球目前地缘政治的认识是很重要的。

我和我的几位同事对现阶段全球的政治地理进行了分区，这个分区希望能够解释习近平主席提出来的中国整个的全球观点和全球战略(图 1)。分区的最主要的根据是客观的各国之间政治关系的特点,另外也要根据中国的发展来分区。具体分区如下:俄罗斯和中亚,欧洲(除了英国以外),西亚和北非的阿拉伯世界,中南美,北美、大洋洲以及有同盟关系的日本、英国、新加坡。新加坡的战略地位很重要,这个国家的政治理念是作为大国之间的桥梁和纽带,但是他们在政治上跟美国是协同的。

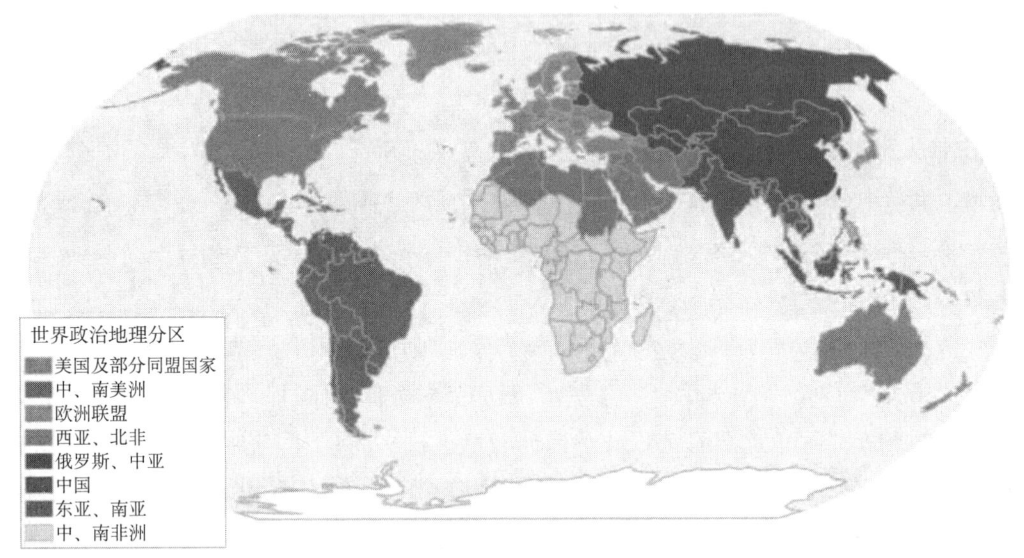

图 1　世界政治地理分区示意图

关于"中美新型大国关系",美国在第二次世界大战后的全球地缘政治观念,大家都很清楚。N. J. 斯皮克曼在战争尚未结束前就提出了美国地缘政治观:要控制欧亚大陆边缘地带,成为指导战后美国政府很长时间的安全战略。还有就是乔治、坎南提出的遏制战略,做了包括签订一系列军事条约等很多的事情,由此可见美国在全球具有扩张性。苏联解体后,美国作为唯一的世界大国,在全球大规模扩张势力,表现为一系列的做法,包括伊拉克战争、阿富汗战争、重返亚太,以及美国近几年在东南亚的作为,都具有非常复杂的地缘政治性质。这种大背景下,我国所处的地缘政治环境呈现出严峻的复杂局面。

从国力问题的角度,我们看到美国已经积累了 70 万亿～80 万亿美元的债务,还有 100 万亿美元隐形的国际债务。美国掌握着世界金融体系的制高点、结算体系、贸易体系、汇率、环境价格等,并依靠以上要素透支了全世界人民和美国人民的大量财富。1971 年之后美国开始大量增发美元,截至现在 40 多年,美元是大量贬值的。明知道美国国内的实际生产状况有限,如果没有世界人民为其消化,美国的国内经济还能够支持下去吗? 美国就是依靠掌握石油、美元、全球的贸易结算体系、汇率等来掠夺世界各国人民的财富,各国的货币跟美元一兑换就被稀释和窃取了,这是不公平的。世界上最大的债务危机在美国,今天的美元再也不是美金了,很多经济学家认为美元的崩溃是不可避免的,100 万亿美元的债务如何还?如此下去,其债务是越来越多的。美国依靠全世界,由于其掌握了金融的制高点,世界各国人民都支持它。也就是说,美国今天依然十分强大,排在第一位的不是计算机软件,而是美国占据着世界金融的制高点。华尔街的银行家利用金融这一工具给世界人民带来许多不公平,虽然越来越多的人认识到这一点,但是很多国家的投资者和政府还是抱有幻想。事实上,美国在全球范围内左右军事发展的政治影响力在不可避免地下降,也就是说一些国家对美元的信任度是在下降的。

接下来谈中国经济对世界各国的意义。我们是世界第一大贸易国家,拥有最大规模的外汇储备,2014 年我们有 4 万亿美元,并且是美国的最大债权国。中国最近几年在金融领域获得的最大进展包括:一是中国的金融市场不完全依靠美元的结算来交易,在海外,人民币不完全都是和美国来交易和保留的;二是和一些国家签订自由贸易协定,还有很多一系列的措施。中国六大金融机构对外的信贷已经超过了西方的几大金融机构,包括世界银行、国际货币基金组织等,这些是美国人掌握的国际性金融机构。当然,这些信贷可能不能完全收回来,是有风险的。但是中国政府,中国的国家开发银行给世界其他需要信贷的国家提供了新的选择。它们与中国有信贷关系,中国政府是不附加条件的,而美国主导的世界银行和国际货币基金组织是有附加条件的。这样在一定程度上,可能会动摇美国对全球金融体系的操控能力。

国际金融王国——美国,通过世界人民各种渠道的"进贡",赚取了大量的利润。中国现在一些新的渠道和建设威胁到美国的"纳贡"体系,使得其金融王国大量金融资产的利润来源成为一个问题,对于这点美国是不原谅中国的。中国在经济上的强大,中国在全球进行的贸易、结算、国债等,还有大量放在发展中国家的信贷,均威胁到美国的利益,从根本上开始动摇其霸权地位,所以美国不仅在东亚、太平洋地区,实际上在全球范围内开始围堵中国。

从美国在亚太地区的军事部署,可以看出其正在精心构筑两条岛链。全球最主要的大海峡,包括直布罗陀海峡、苏伊士运河、曼德海峡、霍尔木兹海峡、马六甲海峡、巴拿马运河,实际上都是由美国控制的。这些海峡形成的两个岛链对中国是非常重要的。中国的五大国际航线关系到中国的边境,2 万多亿美元的出口物资和 2 万亿美元左右的进口物资,主要都是依靠这些航线。中国的发展是依赖世界的,但是我们也给世界的发展带来了机会。五条航线的咽喉地带是在中国的南海,但美国人却在南海制造了很多的事情。

"中美新型大国关系"强调三点:一是中美两个大国之间不冲突、不对抗,相互尊重,合作共赢,这是中国对中美两个大国在世界上的态度,是为工作上的合作而提出的基本理念和想法，是指导中国国家行动的理论，希望美国在一定程度上可以认同；二是中美之间是以合作和避免对抗为基础的平等关系，强调的是平等关系；三是强调要实现并坚持“中美新型大国关系”需要双方相向而行，任何一方都不应该在全球谋求霸权、独霸世界。

关于日本，作为“二战”的挑起国和战败国，日本没有向广大受侵略国家谢罪，这个必须明确。美日同盟、美日安保条约对日本是一把双刃剑。我个人的看法，也是限制日本对中国产生威胁，但是对日本发展是一个问题。随着中国的全面崛起和强大，中国可接受日本成为“正常国家”。

关于“一带一路”倡议，涉及中国与许多周边国家。

首先是中国与俄罗斯。我认为，地理结构如何与国家之间的政治关系相互作用是地缘政治的基本定义。中国与俄罗斯之间没有高山或海洋阻隔，而是广阔的沙漠、草原地带，所以俄罗斯是我国几百年来的地缘政治对手。现阶段中俄关系正处在历史上最好的时期，但仍然是潜在的对手。

第二是中国和中亚。中国维系着中亚地区的稳定，历史上中亚地区和中国的关系也比较稳定。关键的是，中俄两国关系比较好，如果不是这样的话，东亚地区本身都稳定不了，东亚和中国、东亚和俄罗斯之间的关系都会出现问题。

第三是中国和印度。印度逐渐强大，但是印度的地缘战略的主要目标是印度洋。我认为中印不可能在喜马拉雅山发生大的战争。未来我国在印度洋国际航线上很可能同时面临美国和印度两个强国。印度现在发展很快，但是中印之间的经贸往来和经济合作仍然很低，印度对我国的贸易存在大量顺差，我国的商品、资本、产业很难进入印度。但是印度和中国的经济互补性很强，合作余地很大。中印相互尊重，中印关系作为大国关系应该怎么处理值得认真思考，未来在战略上中印关系的改善是大有可能的。

第四是我国与中东、西亚的伊斯兰国家。中华民族在以往上千年都有与阿拉伯世界的友好关系。欧洲和阿拉伯世界过去是有战争的，十字军东征结下了阿拉伯民族对西方国家的仇恨。但是中国，我们的祖先留给我们的跟阿拉伯国家的友好关系是优质资产，未来在中国的发展中间，我们应该充分利用友好关系，进一步发展和阿拉伯世界的合作。

关于中国和非洲。我国对非洲的投资规模相当于美国和欧洲对非洲投资的总和。非洲现在遇到的问题和我们过去遇到的问题很相似，感情上连接比较容易，有大量的工作可以做。中国对非洲的合作和援助是没有条件的，对非洲这一块新大陆，中国未来要重视，要发展好，主要是发展非洲的工业，提高他们自己的能力。非洲一些国家对于美元的信任度或接受程度是在明显下降的。

关于中国和拉丁美洲。我们讲的“一带一路”没有包括拉丁美洲，但从拉丁美洲过去的历史和现在的发展程度来看，跟中国合作的可能性相当大，其资源、产业、客观需要对我们来说都是有益的。我们跟拉丁美洲的合作很有潜力。

关于中国和欧盟。欧盟和欧元的建立,源于以法国、德国为首的欧洲国家用以摆脱对美国和美元的依附。20世纪70年代,法国总统吉斯卡尔·德斯坦和德国总理赫尔穆特·施密特最早提出了关于建立欧元的设想。欧盟现在变成了一个独立的有重要影响力的政治体和经济体。从全球考量,中国与欧盟没有直接的地缘政治利益冲突。

作一段小结,刚才讲的历史对大国未来的地缘政治变化是很重要的。核武器的出现,对大国间的地缘政治战略持续产生重大的影响。未来全球地缘政治的严重失衡会否出现?战争与和平的前景如何?未来美国在全球政治、经济、军事与思想文化影响力的发展趋势是如何的?当前与今后美国的地缘政治战略可能的取向等,都关系到未来世界的安全态势。

美国《华盛顿邮报》2015年2月21日有一篇文章,据该文所述,自1776年美国建国以来,239年间,美国有222年在打仗,年份比例高达93%。所以《华盛顿邮报》说:“美国把战争带到了每一个地方。”有历史资料显示,早在20世纪60年代,实际上在1963年,美国的精英们在一次绝密研究成果中就提出:“世界一旦进入持久的和平,美国的社会将向何处去?”最后,我提出以下问题就是未来世界战争如何解决问题?地缘政治学者关心的应该是什么?在国际政治领域,任何一个国家领导人的观念都是站在国家利益的角度上的,但地缘政治学家应该是孤独的。

谢谢大家!

东西对话:政治地理的研究方向

Alexander. MURPHY

(University of Oregon)

主持人张虹鸥:非常感谢陆大道先生的精彩演讲,下面第二位演讲嘉宾是来自美国俄勒冈大学的 Alexander. MURPHY 教授。Alexander. MURPHY 教授 1977 年在耶鲁大学获得文学学士学位,1978 年在德国萨尔州大学获得地理学硕士学位,1981 年在哥伦比亚大学获法学博士学位,1987 年在芝加哥大学获地理学博士学位。1987 年至今一直在俄勒冈大学地理系任教,并于 1996 年至 2000 年担任俄勒冈大学地理系的主任。2003 年至 2004 年曾担任美国地理学会主席。现担任美国科学院国家研究理事会地球科学与资源专业委员会主席和美国地理学家协会健康专业委员会主席。MURPHY 教授的研究非常广泛,跨越政治、文化和环境地理,涉及环境变化、人类对环境的影响、人地耦合系统、可持续发展面临的挑战、经济社会重组、人口流动、地缘政治变化等重要课题。他今天带来的演讲题目是"东西对话:政治地理的研究方向",有请 MURPHY 教授。

Alexander. MURPHY:各位下午好,非常高兴来到中国广州,也感谢组委会的努力和对我的邀请。这次演讲给了我很大的压力,因为事实上我的大部分学术研究不是针对中国的。我之前就发表内容跟刘云刚教授沟通过,他建议我从美国政治地理学者的角度,做东西方的政治地理学对比研究。我觉得这是一个好的机会,通过对比中西方的政治地理学观点、方法、角度,看看能否把在中国刚刚兴起的政治地理学研究推向一个新高度。

我今天抛砖引玉,可能没有办法提供一套完整全面的方法,但是希望从一个政治地理从业者的角度,谈谈我对学科的理解,以期对大家有所启发。在过去的八年间,我开始和中国的政治地理学者有了一些交流和探讨,希望借此机会跟大家进行交流。从八年前的 2008 年年底开始,我和中国的政治地理学界有了一些交流,包括中科院的一位同行——刘卫东来美国访学,我们开始了一些交流,他也指出了战略上的一些研究的方向。还有一些著作的翻译等,我也参与了。

在过去的几年交流中,令我震惊的是,中国政治地理学的发展还在一个初级的阶段,但是有很多的机会;让我感受更深的就是在中国的很多的地理学者,甚至是在人文地理学者中，政治地理学中的许多研究和贡献是不被大家理解和认知的。所以我觉得，现在中国的政治地理学面临着很大的挑战。十几个月前，当我到杭州的一所大学里，我建议你说：觉得在这里开一门政治地理学课程怎么样。听到我建议的中国同行是非常惊讶的，这种惊讶来源于一种设定，这种设定是政治地理学只关注大尺度的地缘政治话题，不包括小尺度的研究。事实上，政治地理研究包含更多的尺度，我认为对于现在的中国，第一个机会来源于扩展对政治地理学的理解。

我的 PPT 封面上有两条龙，这是中国和外国人不同的体现，代表了中国和西方不同的角度，他们是望向不同的地方的。正如刘云刚教授刚刚说的那样，在过去三四十年，西方政治地理学界已经进入了复兴的阶段。事实上从 60 年代到 70 年代中期，政治地理学是比较低调的。但是西方的政治地理在这之后开始了一个兴盛的时期。出现了学术期刊，如《政治地理学》等，也出现在学术研讨会上比如说美国的地理学会上。政治地理学成为一个重要的学科分支，也成为了一个非常活跃的主题。在中国，政治地理学并不是毫无发展，这里有一个 2014 年的文献，讲的是中国国内社会和文化地理的发展，文中讲到了中国的地缘政治研究的发展；还有另一篇 2011 年的文献，说到了中国学者在政治地理主题上的新进程。我们的会议主办人刘云刚也做过一些研究，他在 2009 年有一篇关于国家、机构转向的文章。同时，还有杜德斌的一篇世界地理学的研究和展望，其中也讲到中国的政治地理学发展。

中国的政治地理学发展面临很多的挑战。首先，虽然有少数关于文化的研究，中国的人文地理研究过于偏重城市地理和经济地理的主题。其次，正如中国的很多政治地理学者提到的那样，中国缺少内生性的政治地理学研究框架，现有概念框架的研究都来自国外。然后，还有语言上的挑战，造成了许多限制。比如说，很多的出版物都是英语版本。在中国学者的英语水平并不是特别高的前提下，许多政治地理学概念和术语对于本国人都是很难理解的，这进一步造成了语言上的障碍。最后，在中国的背景下，还有就是主题敏感性的问题，许多话题由于其政治敏锐性不能够被讨论。

对西方来说，我们也面临着许多问题。首先，整个西方政治地理对中国的关注度是不够的。尽管中国在经济上崛起，在很多问题上都对全世界施加着影响。但令人难以置信的是，在政治地理方面，西方对中国的政治地理几乎没有关注。比如，你可以看看关于人文地理进展期刊的报告，在过去的四个报告中，只有一篇参考文献是与中国相关的，这篇参考文献是一个香港学者对 20 世纪初北京城市发展所做的研究。当我们在看《政治地理学》这本期刊时，在过去 2 年中，只有一个关于中国的研究，研究的是中国的地缘关系，是我的同事苏晓波写的。在 16 年的美国地理学会中，政治地理学的分会，我发现只有一个报告跟中国有关。因此，政治地理学中对中国的研究还远远不够。其次，还有另外一个挑战，就是语言的挑战。很少人文地理学者懂中文，可以讲中文的政治学者就更少了。最后，一个是训练上的挑战，在过去的10～15年，有不少来自中国的学生在美国接受地理训练，但是他们大部分关注城市地理或是偏经济的方向，很少有学生接受政治地理学方向的训练。这会是阻碍中西方政治地理学产生对话的一个非常关键的因素。

那么，政治地理学中在未来中国的研究机会在哪里呢？这个机会一方面在于新生的中国政治地理学研究群体需要融入中国的人文地理研究，成为这个整体的一部分；另一方面，通过中国政治地理学研究的发展，也能够让欧洲的政治地理学家更好地了解中国的政治地理和中国，去发现更多有意思的中国政治地理的议题。

在我的论文中，我论述了五个中国政治地理学可以继续深入的主题，这五个主题都值得更多的关注和未来继续的研究。下面我将具体论述这五个主题。第一个主题是，城市中或是次国家级区域中政治组织的空间。可能在中国政治地理学最有可能得到发展的领域是，地方层面关于政治—领域的协定。这也是对于政治地理学仅仅是大尺度的地缘政治这种假设最直接的反击。很多人文地理学者对于这个问题非常感兴趣。现在中国面临的其中一个重要的问题是，城市大规模爆炸性的增长。城市决策的边界是城市的行政区划，但是城市行政区划的增长速度往往跟不上城市爆炸性的增长速度。这造成了我们所说的地理空间上的失配问题，决策的边界与功能性的边界并不匹配。这个问题并不仅仅发生在中国，在中国以外的其他地方也存在，在西方也有相关的文章和研究探讨这个问题。下面我讲一个我生活的地方的例子。在俄勒冈州的波特兰市，市长的管辖范围是以波特兰市界为边界的区域，但是最终波特兰市发展为一个大都市区，城市绵延到其他州和城市。于是，为了解决这个问题，大都市区被划定，一条城市增长边界被确定下来，这意味着在边界之外开发变得较为困难。

另一个值得继续深入讨论的话题是影响国际关系的地理想象。我们可以看看这张地图（图1），这是一张很不好的地图，但它反映了很多人的地缘政治理解。同一个颜色的区域代表着同样的势力或是对同一区域的理解。这是一张很有影响力的不好的地图，很多的地缘政治学者都对它提出了批评。我们必须要理解，不同地区的地理学想象是如何影响我们看待世界的方式的。例如，陆大道院士向我们展示了中国学者是如何理解和看待这个世界的，我们必须找到不同国家文化看待世界的共同基础。在中国的现实条件下，我认为可以从以下几个问题出发。首先，伊斯兰世界对中国来说意味着什么？对伊斯兰世界的感知会怎样并通过何种方式影响中国的政治决策者和国际商人？有哪些其他的方式分割世界，这对中国有怎样的影响？这些都是我们可以探讨的问题。

另一个可以研究的方向是，政治地理协议在促成/缓解冲突中起到的作用。我想中国的政治地理学者有很好的机会，找到一些方法去说明政治的空间，去说明空间是如何被组织起来以保卫和平或是打破和平的。下面举一个例子来说明这个研究方向。在波斯尼亚，15年

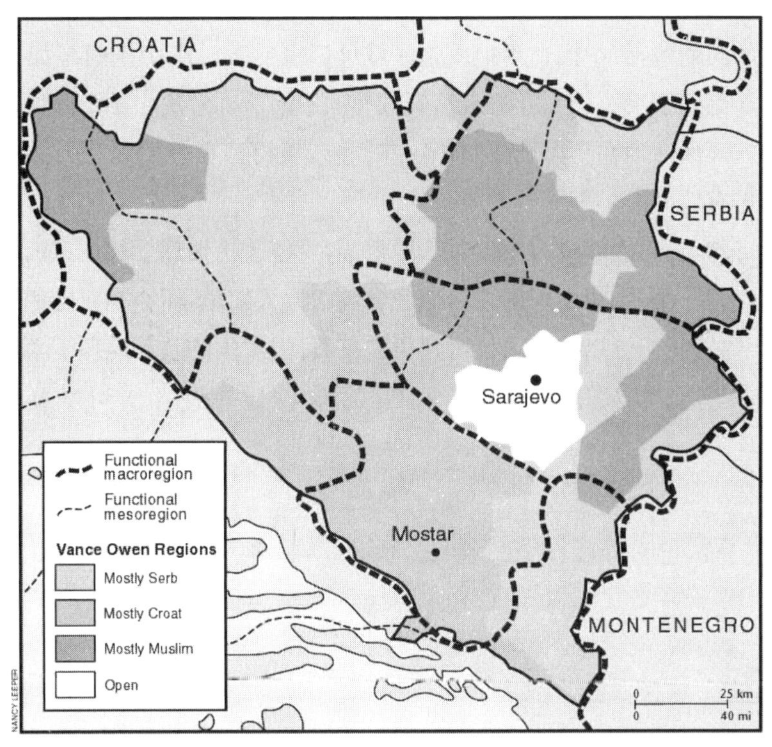

图 1　多样化的地理理解

资料来源：Murphy，1995。

前有一个分割的提案。政治地理学者去检视这些分割线是如何影响当地人的生活的，通过具体观察当地居民的活动和移动，我们画出了对当地人有真正意义的分割线，这和分割提案中提出的分割线有非常大的区别。发现这样的案例，理解这样的区别，有助于政治地理学者理解和平和冲突是如何在空间中被塑造的。

第四个值得研究方向是，正在改变的边界本质和边界区域。在中国，有一些边界的议题，我理解这些议题本身是非常敏感的。但是假如中国政治地理学者有机会去研究边界的话，这对这个领域会有非常大的帮助。在世界上的其他地方，很多学者在研究边界对人们生活的影响，对少数族裔人群的影响。我认为，在中国这个领域的研究会非常有意义。边界是如何改变人们的生活的，这是一个地理、政治等众多学科应该共同探讨研究的问题。这个是我刚才提到的研究，苏晓波做的，他在这方面的研究是非常深入的。

最后一个值得关注的议题是政治地理在环境变化中起到的作用。在中国，环境问题是一个非常严重的问题。很多时候，环境问题影响到的不仅仅是特定的区域，这个领域的研究可以把环境和政治联系起来。我举个例子，比如在新疆的沙漠中有一个大型的发电站，这个发电站会带来什么影响呢？它会造成什么地缘政治影响呢？这都是值得探讨的问题。一些可以继续探讨的问题包括：中国在本地或是区域尺度上的政治组织空间是如何影响着什么能够或是不能够得到解决？什么样的政治领域性的不同能够解决中国不同区域环境变化步调不同的问题？环保活动在哪里被限制，又在哪些区域得到良好发展？为什么环保活动能够在一些区域更有效率？

我今天所讲的，希望能够成为西方对话的桥梁，希望政治地理学被更多的中国学者所理解。另外我想强调的是，希望中国的政治地理学被西方人知道，而不是双方相互隔离。中国的政治地位非常高，我们可以从中国学习到很多东西，把中国的政治地理学整合成为该学科中的重要资源。当然这需要中西方努力地消除隔阂，这样的话，双方可以面对更多重要的挑战。

谢谢大家！

特 邀 评 议

主持人张虹鸥：非常感谢！刚才由我们东方的代表和西方的代表分别作了报告，正式开展了一次东西方的对话。接下来是点评时间，有请两位点评嘉宾 James SIDAWAY 教授和 George LIN 教授，有请。

James SIDAWAY：各位下午好，感谢主办方，也非常感谢大家的参与，我本人非常感谢中山大学的邀请。针对刚刚的演讲，我想提六点内容，里面可能有几点内容是很难翻译的，这其中的原因在前两位嘉宾的演讲中也曾提到。

第一点，很容易理解，即所有的地理学都带有政治的色彩。

第二点，我们在这里所讨论的政治地理学内容，并不属于学科范围内的最具自我意识的内容，即对于地理学的写作、研究和教学来说，这些讨论的内容并非可陈述的政治上的本质。

因此，第三点是政治地理学开始清晰地意识到其与地缘政治之间的历史联系，这导致地缘政治的历史与以下几点存在紧密联系：帝国主义、争端、战争，以及整个民族对于政治地理学该是一门怎样的学科所具有的独特情感，而不是我们今天在这里试图探讨的国际的或跨国的对话。

第四点，在过去 30 年里，地理学家也开始寻找思考人与空间的其他方式的可能性，除了认识和批判性地研究不同国家的地缘政治的帝国历史，地理学家也开始思考其他领域的人与空间，在日常情境下，空间如何被自下而上地建构和大众化。因此，基于这种对空间的批判性再考虑，出现了对地缘政治的强有力的质疑，甚至对地缘政治思维方式的排斥或者对立，即一种反地缘政治的现象。其中，我们研究地缘政治其他主要的思维方式。与此同时，我们也意识到，地缘政治是人们所不能摒弃的。

第五点，则转向讨论陆大道院士的演讲，陆大道院士谈到了地缘经济的角色、地缘经济和地缘政治的关系，全球地缘政治格局的转型、美国未来经济的衰退。当然，演讲中关于当前或未来的衰退速度，以及这其中的代价，都是具有一定争议的。我来自的国家擅长处理这种经济衰退的问题。我来自于英国，尽管我在新加坡工作和教书。我在这里想跟陆大道院士表达的是，应对经济衰退的操纵手段可能会比管控经济增长的手段更困难。当这两个情况同时出现时，事情就会变得很棘手，当然我相信我们在后面也会更多地讨论这个问题。

第六点，则是回应MURPHY教授的演讲，MURPHY教授指出了政治地理学在英语圈里的活力，以及该领域的生命力，包括一系列的政治地理学研究话题。以前有人跟我说："我是一个计程车司机，你是做什么的?"我回答道："我在新加坡教政治地理。"那个人又问我政治地理是什么，我每次都发现要界定政治地理是很困难的。一方面，所有人都知道这是关于国际关系、地缘政治问题的，但同时它也是关于地方自治的边界、城市的限制。换句话说，是关于政治生活的限制。MURPHY教授的研究确实证明了政治地理学的活力，我认为政治地理学复兴的一个重要内容，是其致力于理论的研究和实地的调查，包括严谨的与各种访谈对象合作，至少这些是需要语言技巧，是需要用心去开展区域研究的。最后一点，我赞同MURPHY教授指出的，关于制图的不可避免性、问题性和真实性，我认为大多数政党对于政治地理学的认同，在于我们绘制地图时能够呈现一个完整的国家，指出一张地图所呈现、遮掩和缺失的内容。谢谢！

George LIN：首先作为母校中山大学的同事，请允许我先用中文说几句，然后再转到英文。首先，我要感谢陆大道院士、刘云刚教授和母校的各位同人给我这个荣誉和机会。我们今天所讨论的命题是"沟通东西方的研究"，首先我要恭喜主办单位请到两位东西方地理界的元老，陆大道院士是中国地理学会的前任理事长，MURPHY教授是美国地理学会的前任主席。这是非常好的讨论，陆大道院士和MURPHY教授分别代表了中国和美国地理学家的视角。

听了两个报告以后，我们要思考它们有什么相同与不同，这些相同和不同，给我们未来两天的讨论提了什么问题。我认为两个报告都把我们研究的个体非常好地放在一个全球变化的体系里面看。陆院士的报告非常精彩，他从一个全球的、历史的、同时也有政治经济的观点去研究全球各个国家，特别是分析中美两国在全球变化的情境下处在什么地位，带来什么作用。MURPHY教授分析了东西方政治地理研究的进程和存在的问题以及未来的方向。以上是我认为的他们的第一个共同之处。第二个共同之处是，两位报告都对研究个体的利益分配，以及全球资源的不均衡分布非常敏感。第三个共同之处是两个报告都非常具有前瞻性，均谈及未来世界各国的关系。那么，不同之处在哪里？我认为分为三点。第一点是层次不一样，陆院士的报告用宏观的、全球的视角，跟我们研究的国际关系比较接近。MURPHY教授的报告有举其居住地的例子，是非常地方性的，当然他也谈到了全球性和区域性。第二点是切入点不一样，陆院士的报告紧扣国家利益，MURPHY教授的报告没有谈到国家利益，就像是一个独立的旁观者。第三点是结论不一样，陆院士的报告给我们的国家决策提供了非常有用的建议,即从地理的角度,中国的国家利益如何是最有效的和最好的,怎么样去创造中美间的新型大国关系,怎样把“一带一路”的国家政策带到研究里面来。MURPHY 教授的报告是讲机遇和挑战,还有未来的方向。他并没有讲到美国,例如 SIDAWAY 教授刚才提及的如何让美国在走下坡路时能走慢一点,他并没有涉及。

我对未来两天的讨论提出了三个问题。第一,我们讲的新的政治地理学是研究什么,你看两位元老对政治地理学的理解显然是有差别的,那么政治地理学究竟要研究什么呢?第二,我们知道两位学者的切入点是不一样的,那么我们要从事政治地理学研究时应该怎么做,我们该如何去对待国家的利益。我们是要把国家利益当作己任,当作天职,还是作为一个旁观者呢?第三,我们研究的成果应该是什么呢?我们研究的成果是写文章去发表呢?还是要为国家利益,为“一带一路”,为习近平主席提的新型大国关系做贡献呢?

以上是我的观察和所想,谢谢大家!

主持人张虹鸥:非常感谢两位教授做了精彩的点评。按照大会的议程,接下来是照相和休息的时间。

当代中国政治地理学谱系研究

刘 云 刚

（中山大学）

主持人葛岳静：各位下午好，接下来的会议内容依旧包括讲座和圆桌讨论。首先，我谨代表所有的参会者和北京师范大学地理学院，衷心感谢刘云刚教授为此次会议付出的努力。刘云刚教授一直致力于为东西方地理学研究搭建桥梁，此次会议也让我们有机会欢聚在此，互相交流想法，真正实现了东西方学者的对话，所以非常感谢刘云刚教授。接下来我们有请刘云刚教授作报告，他报告的题目是“当代中国政治地理学谱系研究”。

刘云刚：谢谢主席，谢谢各位！首先要感谢格拉斯哥大学的安宁博士、华东师范大学的王丰龙博士、大阪市立大学的 Takashi YAMAZAKI 教授，以及犹他州立大学的 Colin FLINT 教授。关于这篇论文，他们给了我很多很有益的评论和建议。

我想告诉在座的，特别是西方的学者关于当代中国政治地理学的一些基本情况。我首先讲一下研究背景，其次是我对西方政治地理学发展的理解，接着再回顾一下中国的政治地理思想，以及中国政治地理学的基本谱系。然后再进行对比，并谈谈我的思考。最后是结论与展望。前面的部分限于时间我不作展开，如果大家想要听得再详细一点，我们会后交流。

关于研究背景。首先，中国作为一个人口第一和国内生产总值第二的大国，对全球政治地理施加的影响是日益显著的。在此背景下有两个问题值得关注，一个是中国和西方世界在政治体体制和意识形态上存在巨大的差异，这种差异在亨廷顿看来会导致文明的冲突。为了避免这种世界范围内的冲突，必须要进行基于东西方的不同的政治地理思想的对话，这个是非常迫切且有必要的。另外，中国的政治地埋学仍然非常弱小，远远落后于中国政治地理发展的需求以及现在所处的形势。在中国有一些激进的政治地理思想，比如说极端民族主义的、一些类似军国主义的思想现在正在抬头，甚至有一些危险的政治地理思想和实践也开始萌芽，这些其实需要进行正确的引导。我们的地理教育里面也缺乏对于政治地理的教育，这些方面促使我们必须加快中西方的交流，尽快建立起中国政治地理学科的一些基本知识脉络。

我的论文的目的在于总结中国现在的政治地理研究状况，并且比较中国和西方政治地理学的差异,希望可以作为中西方交流的基础。具体来说,我希望通过探究中国政治地理学者已有的研究成果,并且结合中国政治地理研究的展望,提出一个明确的研究框架,对中国政治地理过去的发展脉络作一个总结。

首先,西方的政治地理学是人文地理学的重要分支,它的研究对象主要分为政治活动和地理环境之间的关系,以及对世界的认知和空间权力之间的关系。德国地理学家拉采尔于1897年出版了著名的《政治地理学》一书,这标志着现代人文地理学科中西方政治地理学的正式创立,他认为政治地理学是地理学不可分割的一部分。不久,英国地理学家哈尔福德·麦金德在他著名的《历史的地理枢纽》和心脏地带理论中进一步确定了地缘政治的核心地位。

在20世纪20年代,政治地理学因其实用的治国之道逐渐为人熟识。例如,许多地理学家如美国的鲍曼和德国的卡尔·豪斯霍费尔出现在政治舞台上,并对他们自己的国家政策有很大的影响。特别是豪斯霍费尔把政治地理学发展成为军事、政府和外交政策服务的一门很重要的学科。也正因为这样,这个学派受到了德国纳粹的重视,成为一个为纳粹服务的学科。这使当时的政治地理学获得了很高的声誉,但在"二战"之后政治地理学的声望一落千丈,同时承担了纳粹的一些历史的责任。

在欧洲的地缘政治衰落之后,20世纪50～60年代,西方国家出现了"计量革命"。在这个风潮里面,政治地理学被批评为伪科学,它的发展基本有20年是停滞的。在20世纪70年代,西方政治地理学试图寻找新的研究前沿,他们把研究兴趣转到了国家内部的对象上。例如,城市权力结构、选举地理、政治地理学者进入到了微观领域,随之学科的实质也发生了转变。

西方政治地理学的一个很重要的转变出现在80年代,泰勒将沃勒斯坦的世界体系理论引入政治地理学。依据世界体系理论很好地把原来的多尺度、世界的、全球的、地方的以及城市的尺度,结合在一起,从而成功解决了政治地理学一盘散沙的问题。

根据不同的理论方法和尺度,在20世纪80年代后,政治地理学被分成了两个派别。一个是地缘政治,一个是微观的地方政治,也称为新政治地理学和新的地缘政治学。新地缘政治学着重解释国际政治的地理维度,而非服务于政策的制定。这些研究受到了后现代主义的影响,不同于"二战"之前的政治地理学,这种新的学科被更多地视为一种学术研究,而较少参与到实际决策中去,并且由单尺度进一步扩展到多尺度研究,关注了全球化和国家权威弱化。1989年两极体系削弱之后产生的一系列如民族国家的变化、民族主义、内战、新帝国主义、霸权、信息政治、地理知识的生产、政治的制度、权力的空间表现等新的话题。

基于对过去百年左右的西方政治地理学发展概况的梳理,可以总结为三个方面。首先,西方政治地理学理论经历了从古典地缘政治系统分析到批判社会理论的进化过程。其次,在西方政治地理的方法从描述性方法一步步得到发展，基于认识论从实证主义发展到多种方法。最后，西方政治地理学已从单一尺度分析发展为多尺度分析，从国际尺度转移到不同尺度的研究，我认为这是西方政治地理学最重要的一个变化。

在这个背景下，我们来探讨中国内生的地缘政治思想，其在中国有着悠久的历史。这往往表现在一些经典的地缘政治思想和知识系统中。例如，战国时期的战略家苏秦和张仪为秦国提出了合纵连横的思想，当时称之为方略学，不叫政治地理。还有战国时期范雎提出的远交近攻，三国时期诸葛亮制订的“隆中计划”，这些计划提出了当时对国家、地方空间的思维，这些是一种传统的思想，但是没有上升成为理论。

在近现代，中国一些军事学家，比如说，毛泽东同志提出的农村包围城市的思想，邓小平提出“一国两制”思想来处理中国大陆和台湾、香港、澳门之间的关系。这些想法非常富有中国传统思维的色彩，但是这些思想主要局限于实践领域，并没有上升为一个学科的理论。20世纪50年代以后，政治地理被视为伪科学，大家不敢从事类似的研究。中国人文地理学中政治地理研究的停滞持续了大约30年，直到20世纪80年代之后，政治地理学研究才开始有所复苏。1984年，李旭旦建议在《中国大百科全书：人文地理学卷》中加入“政治地理学”词条。鲍觉民在他的文章“政治地理学研究的若干问题”和“再论政治地理学的几个理论问题”中，讨论了中国政治地理的重要性。张文奎在教材《人文地理学概论》中，用一章专门讨论了政治地理的性质、研究对象和内容。20世纪80年代以来，中国学者重新开始整理中国政治地理学科知识体系，对已有的中国政治地理研究进行总结。在此基础上，本研究梳理了六支中国政治地理研究的谱系。

第一支可以追溯到张其昀先生。他后来去到台湾创立了文化大学，我曾经专门去文化大学的图书馆收集了一些张其昀先生的资料。张其昀先生的贡献在于他翻译了鲍曼的名著《新世界：政治地理学若干问题》，并将鲍曼的一些学说引入到中国。紧接着这本书的翻译，他创建了一个被称为“国家学”的研究领域，整合了一系列民族精神、国家历史、国家领土、国力和国防元素，以期服务于国家治理。张其昀培养了一批和他具有同样爱好的政治地理学者，以继承他的学术道路。例如，在中国很著名的历史地理学家谭其骧，谭其骧的很多弟子也继续从事政治地理学研究，如周振鹤、吴松第等在复旦大学沿着谭其骧先生这一派继续研究。

第二支由鲍觉民先生建立。他是在台湾中央大学完成的本科学习，后来到伦敦大学攻读研究生学位，他的专业都是经济地理学，但是他的兴趣是政治地理学。鲍觉民后来在南开大学台湾研究所担任所长、在海洋经济研究所担任副所长等职务的时候，反复强调政治地理学研究话题及其知识系统的重要性，并且实际从事了很多政治地理学的推进工作。他的弟子中有两位，一位是李小建，现在在河南，自1986年以来，他一直在南开大学师从鲍觉民，之后他在澳大利亚国立大学从事研究，发展了公司地理学。另一位是王正毅，目前在北京大学，从事国际关系的研究。在鲍觉民的指导下，王正毅在其攻读博士学位期间对政治地理学产生了兴趣。随后，王正毅去了杨百翰大学，学习回来之后致力于沃勒斯坦的世界体系研究。

第三支始于李旭旦先生，他被视为中国政治地理学的积极推动者。李旭旦主修人文地理专业，毕业于台湾中央大学地理系，并在剑桥大学获得硕士学位。后来他学成归国，在南京大学、台湾中央大学和南京师范大学工作期间，极为推崇政治地理的研究，特别是军事地理和地缘政治。他培养的几位学生一直到现在仍然在从事这方面的研究，一位是沈伟烈，目前是国防大学著名的军事地理学者；还有陆俊元和肖星，目前分别在江南社会学院和广州大学从事地缘政治的研究。

第四支起源于东北师范大学的张文奎先生，他关注城市政治、行为地理学。张文奎一直在东北师范大学工作，在政治地理普及方面做了很多工作，出版了《政治地理学》教材。受张文奎影响，他的学生如刘继生，他的同事如袁树人、于国政等继续从事政治地理学相关的教学研究。还有王国梁，也是在张文奎的影响下开展他的研究工作的。

第五支是北京大学的王恩涌先生，他毕业于北京大学地理系，后来也在北京大学工作。王恩涌先生在文化地理学和政治地理学的教育方面做了很多推广工作。王恩涌将中国20世纪90年代的一些政治地理学者很成功地整合到了一起，出版了一本政治地理学的教科书。他的贡献主要体现在他的《文化地理学导论》和《政治地理学》教材，在中国社会科学领域被认为是最受欢迎的教科书，影响了后面两代甚至更多的年轻地理学者。王恩涌的学生如李贵才，也对政治地理学感兴趣，但是没有直接从事这方面的研究。

第六支是华东师范大学的刘君德和他带领的研究团队。他们创建了行政区经济的概念，并且系统地考察了中国行政区划的历史，对于中国的行政区划提出了很多见解。这个分支的传人有汪宇明、冯春萍、范今朝、华林甫等。

随着上述分支对中国政治地理学的贡献，越来越多的学者开始对中国的政治地理产生了兴趣。很多学者在大学里开设了相关的课程，还有一些学者进入一些相关组织。

通过对中国政治地理研究的总结，发现它有如下三个特征。

第一个特征是，中国政治地理学一直很注重对西方政治地理学思想和成果的引进，对西方研究成果的翻译一直持续到21世纪的前十年。大量具有代表性的政治地理学和地缘政治学的研究成果被介绍到中国，比如兹比格涅夫·布热津斯基和塞缪尔·亨廷顿等。非常多的思想通过西方研究成果传入中国，同时也有一些零星的实证研究开展起来。

第二个特征是，始终是以外源性理论为主导，而对内生型政治地理理论缺乏关注。20世纪80年代后期以来，像其他学科一样，中国政治地理学者对国外研究非常重视，大量地吸收了西方的理论。但是另一方面,中国政治地理学者对中国政治地理发展脉络的整理是非常缓慢甚至是停滞的,他们大部分的研究成果都是表现在对西方外生的政治地理学理论的一些介绍、解读和运用,并没有反思和进一步的提升。

第三个特征是,这些成果的多数作者都隶属于军事机构或从事国际关系或国际政治的单位,而不是地理单位。换言之,中国政治地理学的重心在过去几十年已经从地理转向政治学,就业也是在地理之外的机构。政治地理学中最活跃的机构包括北京大学、国际关系学院、国防大学和江南大学,都是研究国际关系的一些机构。对应于西方学术界的"新"政治地理学而言,由于这些机构的一些特点,中国的政治地理一直比较集中在地缘政治学,特别是为军事和战略服务的部分。就像刚刚陆大道院士所讲的类似的倾向其实是主流。从谱系学的角度来讲,中国政治地理学者现在可以分为两类。一类是对国际关系和国际政治与研究感兴趣的群体,第二类是在地理学之内专注学术研究的群体。这两个群体发展的起步阶段和发展过程是类似的,但是没有一个明确的中心点或者说大家没有什么交集。

我认为这里面主要的问题在于中国的政治地理一直是外源性的,没有内生性的发展,没有从自身的需求出发进行广泛的实证和理论的研究。有的发展也被限制在传统的地缘政治学领域内,超越地缘政治学的部分被分散到其他学科或子学科,如城市地理、经济地理等,而不是被整合到政治地理这样一个统一的学科之内。

近几十年来,政治地理学作为一个学科虽然有所发展,但总体而言学科状况并没有得到改善。这当然有外部环境的原因,也有学者自身的原因,因为时间有限,不再展开。下面我再重新阐述一下我的三个结论。

第一,虽然我国政治地理学的基本理论框架和知识体系已经经历了几代人,但这个基础仍然很脆弱。第二,中国政治地理学的研究大多数是基于对英语圈经典地缘政治的解读,它的基础是生态理论。第三,许多中国政治地理学家把政治地理研究作为并行的主题,而不是他们的主要兴趣。

从谱系学的角度可以得出结论,中国政治地理学者的学术研究,主要是基于有限的西方政治地理理论,如经典古典地缘政治,而不是基于在战后西方学术界蓬勃发展的主流理论。在这样的学术环境下,中国的政治地理学者有两种阵营。一种是在军事、国家和外交决策机构的地缘政治研究的工作者,另一种是在人文地理科学的机构中进行学术研究的一部分学者。这两个群体之间是很少有交集的,后面怎么办呢?

我认为,对于未来而言,中国的内生政治地理思想有着非常悠久的历史和传统,越来越多的人开始有兴趣去探求政治和地理的关系,探求权力和空间的关系。中国的国际影响力在日益增强,需要将地理的问题放到一个更广阔的平台上,然后介入到全球的问题,并去倾听全球的声音。事实上,一些政治地理学研究的新领域已经在中国开始发展起来,如关于新的世界秩序的研究、关于城市化的政治研究、关于各地方政府行为的研究以及政治和地缘经济现象的研究等。如果这些实证研究继续进行下去,它会形成一个蓬勃发展的局面,但是需要尽快有一个平台将这些成果归纳到一起,这是目前最为急迫的工作。

这是我给大家这几天讨论提供的一个素材,谢谢大家!

圆桌讨论一

主持人 Takashi YAMAZAKI:各位下午好,谢谢主持人的介绍。刚才刘云刚教授的演讲梳理了当代中国政治地理学谱系,接下来我们将进入讨论环节,首先有请两位嘉宾进行评议,第一位是 James SIDAWAY 教授,他是《政治地理学》期刊的主编,另一位是 Virginie MAMADOUH 教授,她和我是《政治地理学》期刊的共同主席。在这两位嘉宾分别进行评议之后,我还想邀请来自巴西的 Adriana DORFMAN 教授一起来讨论,这不仅是东西方的对话,也是南北学者的一次交流。随后也会邀请来自英国的 Joe PAINTER 教授谈谈英国的政治地理学,当然也欢迎其他学者一起加入圆桌讨论。首先有请 James SIDAWAY 教授进行评议。

James SIDAWAY:对英语圈的政治地理学研究进行总结是一个很艰难的任务,我对此的回应其实是对这个主题进行评论,因为政治地理学的英文文献还有很多未被翻译,而且是没准备好被国际上其他国家进行研究和翻译的,尤其是许多文献都是来自欧洲的德国和法国。其次,我的第二个回应是,英文文献是在 20 世纪 20 年代早期的时候,才被翻译成德语和法语的,因此我的第二个看法是,语言的、国家的或文化的地理传统,需要被问题化,通过意识到内在的或知识上的政治地理的国际对话。我认为需要意识到,大多数对话是用欧洲语言交流的,这里的欧洲语言包括美国的南北方,如果要给外界提供合适的、用西方或欧洲语言撰写的政治地理学研究成果是很困难的,当然欧洲语言也还不包括另一些欧洲国家。因此,尽管很多对话都是用欧洲语言进行交流的,但我认为这种交流促进了一种意识,这种意识掀起了两种更广泛的现象,独特的异化和针对编史学的去殖民化。后者是关于政治、空间和权力本质的理论假设的去殖民化,并以此来认识被概念化的,或帝国主义视角下的事物之间的根本联系。我认为这种意识对解读上述现象的西方研究成果产生了影响,我依旧用"西方"和"东方"来评论和问题化,这也是我的切身体会,因为我在新加坡国立大学用英语教学,依据我的经验,课堂里是充满了多样化的文化背景的。当我们思考历史的政治结构时,关于这种西方学者的分类,我觉得前面所阐述的内容比我漏掉的部分要更好,这些就是我想说的内容,谢谢!

Virginie MAMADOUH:各位下午好,首先当然要非常感谢刘云刚教授举办这场绝妙的会议,让我们能够聚在一起进行更好的交流。这是一次非常具有创造性的互动,实际上是提醒我们东方学者之间的互动,交流研究成果,给我们一次进行对话的机会。我接下来主要针对今天下午的三个报告进行回应,首先要谈的是普遍存在的问题,然后再提一些需要应对的挑战,或者说是中国地理学家需要赶上的话题,但我认为这其实是我们所有人的挑战。

第一个挑战,这是很重要的一点,即我们的视角不应该局限于自己的国家,我认为学术研究和地理学者有足够的能力去超越边界。因此我们不能仅仅是为了更好地相互理解不同的现实,更重要的是,我相信在座各位都有一种志向来做得更多,通过尝试不同的方式,脱离这种以国家为中心的思想。这对于搞清楚什么是政治地理学,理解政治地理学中的国际问题有帮助,这个观点与 MURPHY 教授的看法比较接近。政治地理学比我们通常所讲的内容要广泛得多,它不仅仅是关于国际关系,如关于绘制国际关系、权力关系的地图,它确实有关于这些内容,但不仅仅局限于此。政治地理学对于许多动态和尺度也是非常感兴趣的,城市尺度是非常重要的,另外还有区域尺度和地方尺度,这些都同等程度地有利于地理学的研究,有利于从政治和地理视角对个体、家庭和地方进行探讨。第二个挑战也是很重要的一点,即语言问题。首先抱歉的是我并不能讲中文,显然中文和我的母语英文存在很大的差异。但我认为应该强调的是,英语作为第一国际语言所带来的问题,并不仅仅是中国才需要面对的问题,而是我们所有人都需要,或者都应该尽力解决的问题。这就意味着,政治地理学的历史在每一个阶段都是非常复杂的,其本身包含了不同语言的分类,比如刚刚提到的法国的和南美的地理学,因此,国际化的地理学是非常多样且丰富的。不断批判和问题化翻译的研究成果,讨论不同语言间的概念、观点和内涵。比如我发现翻译中有时会出现“地质学”一词,来翻译“geology”这个词,并界定何为“地质学”,我想这个词的中文意思可能与我们更相关。因此,这类问题是急需讨论的重要内容。最后一点,我想谈谈地缘政治学研究的范围,因为我也是《地缘政治》的主编,我想强调一点事实,即地缘政治与政治地理相似,也在逐渐地放宽视角,并不局限于传统的地缘政治的定义,不再仅仅是关于权力关系、全球关系、博弈和领域等,而是包含了更大范围的研究内容,包括问题化权力和地理的关系,考虑需要应对的问题和需要达到的目标是更加重要的,西方的或英语圈的地理学试图为现在正在进行的对话做贡献。这种对话是关于地理想象的质疑,以及映射国家和其他具有主权区域的地理叙述的质疑。这是我想表达的内容,谢谢!

Adriana DORFMAN:各位下午好,我非常高兴能参加此次会议,非常荣幸能和大家一起聚在这里，这是我生命中极其重要的一刻。我来这里并不容易，因为这段 6 万公里的旅程一共花了 48 个小时。因为我对中国并不了解，所以我想讨论的内容并不是关于中国的，而是与巴西相关的情况。我是 Adriana DORFMAN，我在南里奥格兰德联邦大学教政治地理学，这个学校位于巴西南部的圣保罗。我教政治地理学已经有较长的一段时间，刚开始我的教学内容是地缘政治，地缘政治在巴西是一个较有名气的学科，其中的内容主要是与巴西的独裁有关，而这个学科后来因为政治原因被删去了。我想跟大家说的一个重点是，我们确实从六年级到十二年级都有地理课程了，这意味着大学里有将近五千名地理教师和研究者。有时我们感觉自己并没有能力参与地理学的争论，我们的政治地理学也受到“二战”的影响。在一段时间之后，我们出现了另一个层面的新型的政治地理学，即政治地理学，它特别关注的是国家利益，如在南美建立巴西的权力，并且它也与美国地理学会有合作。这些内容几乎被无视了，并在 70 年代末因巴西的地位问题而被回避了。其中有一个你们可能想了解的事实，就是巴西有一位地理学教授撰写过地缘政治的教材，这本书中关于地理学的复兴有一个重要的观点，即不应该仅仅讨论国家，而应该以不同尺度为视角。基于这个观点，这位教授也向地理学者提出了很多不同的问题。南美实际上指的是拉丁美洲，我不确定中文是不是也有这种表达，通常人们一提到拉丁美洲，想到的是黑人集聚的一片区域，以及法国人和其他人集聚的另一片区域，这也是我们进行对比的内容。这位教授的一些研究成果也曾被翻译过，不知道各位有没有读过。在巴西政治地理学里还有一位知名的女地理学者，她有一篇文章是地理学者在进行区域地理研究时主要引用的文献，政治地理学者的一些研究与特定的空间无关，更多的是基于不同的领域视角，我反复提醒自己的学生，让他们谨记空间是地理学者最重要的概念之一。但我们不要过度简单化英语圈理论的阐述和阅读问题，也有很多学者用葡萄牙语撰写关于政治地理的论文，我们有一些探讨巴西如何形成的研究。巴西是一个新兴国家，我们仍在努力地通过各种研究来了解自己的国家。在巴西的政治地理学中，通常都会接触到两个概念，我们有时候会用外部边界的概念，但其中也有内部边疆一说。巴西的政治地理学内容也涉及地缘政治、管制、区域化、分布、参与、政府与部门、尺度政治地理中的领域等。巴西在一些方面也遇到了问题，如环境、黑人与土著人的权利、宗教和政治等。另外，批判政治地理学提到了地理想象的内容，不知道你们是否认同这一观点，但巴西的偶然论者对此进行了激烈的讨论，一些巴西学者也一直在质问美国和欧洲的理论。抱歉讲了很多，以上就是我想说的内容，谢谢！

Joe PAINTER：谢谢主持人，谢谢组委会此次的邀请。我不确定我是否应该对此展开更多讨论，因为刘云刚教授关于英语圈政治地理学的谱系研究，已经包含了许多英国政治地理学的历史发展情况，而且 SIDAWAY 教授也对此进行了评论，所以我不想再占用大家的时间，更多的是想听听其他学者关于政治地理学的想法。

主持人 Takashi YAMAZAKI：下面请周尚意教授发表评论。

周尚意：首先非常感谢主办方邀请我来参加此次会议，让我可以学习和分享关于学术方面的想法，我有两个故事想跟大家分享。第一个是关于大卫·哈维，他之前来中国开设了一系列的讲座，有意思的是，对他的讲座感兴趣的只是那些研究中国文学的学者，还有地理学者，特别是政治地理和经济地理的学者，我希望将来能有一些来自于国务院的高级官员也对大卫·哈维的讲座感兴趣。因此我的第一个评论是，我们称自己为政治地理学者，这是从政治地理的角度出发，而其他学科领域的学者也对我们的研究主题很感兴趣，尽管大卫·哈维具有很广泛的影响力，但他未能吸引中国政府的注意。第二个故事是关于美国专门研究新疆的研究组织，对此我的第二个评论是，我们需要警惕合作红线，即中国地理学者与外国地理学者应该如何共同合作来处理政治问题，我们希望这种国际研究的合作能够可持续地进行下去。谢谢！

George LIN：各位专家，我非常高兴来学习并表达自己的看法。刚刚周尚意教授跟我们分享了两个故事，第一个故事是 David HARVEY 被邀请到中国，但是邀请人和地理界完全没有关系。他是被作为政治学界中专门研究马克思主义的学者邀请而来。她的第二个故事中的主人公，因为对新疆发表了一篇文章，在这之后他不被中国政府允许进入中国境内。因此，必须注意的是，在中国和在西方世界对政治地理研究不同的是，我们必须小心敏感话题。

骆华松：各位专家好，首先感谢刘云刚教授提供这次机会让我来学习和表达自己的看法。第一，在刚才专家们的发言和讨论后，我发现，东西方政治地理学研究的差别确实非常大。前天我有幸向 Victor KONRAD 教授请教了关于边疆概念的理解。我发现西方对于边疆概念的理解和我们现在的理解是有很大差别的。除了远离政治中心、靠近边境、边界的地带和区域这些共同理解以外，可能在西方，还有殖民化的意思在里面，在这一点上我认为差别是非常大的。第二，可能今天下午和以后的讨论中，还会有很多的学者在讨论他们的研究方向，但我认为在政治地理学这样的学科，不管处于第几层次，无论是东方还是西方，在理论上要有共性。我特别欣赏刚才一位专家说的，从事政治地理学研究的学者，不仅要关注自己国家的政治地理学研究，还应该在理论层面上、在概念体系上、在研究的基本框架和方法上有更多的共性。借助这次对话，我们是否能够集中考虑一些共性的东西，推动学科的发展。第三，对于政治地理学在国家、区域和地方尺度的研究，不同尺度上的应用层面有差别是可以理解的。我相信所有国家在针对本国的地缘政治或政治地理学研究中，不考虑国家的利益是不可能的。因此，在应用层面每个人都会有自己的研究方向。以上是我简单的理解！

肖星：我是广州大学的教授肖星，首先非常感谢刘云刚教授邀请我来参加国际政治地理学研讨会。据我所知，这是在中国历史上第一个专门的政治地理学研讨会。为什么这样讲呢，我在中国地理学界可以说是较早从事政治地理学研究的。1992 年，当我还是讲师的时候，我就在《人文地理》上发表过一篇论文“海洋在中国地缘政治中的作用”，1995 年我出版过《政治地理学概论》这本专著，2001 年我出版过另外一部著作《世界政治多极化与地缘政治》。1949 年中华人民共和国成立以来，今天的会议是中国政治地理学史上第一届专门的国际研讨会，我觉得刘云刚教授付出很大的心血，还专门和我通了好几次电话。

我 1995 年以后就不怎么研究政治地理了，转向研究旅游开发与规划。实际上，当时我评教授的时候，最主要的成果就是《政治地理学概论》这本专著。为什么我不研究政治地理学了呢？因为在当时的条件下，研究政治地理学是比较难的。我的一本政治地理学书稿，1991 年已经脱稿，当时鲍觉民先生还健在，专门给我写了序。可是书稿送到当时的高等教育出版社的总编辑审稿，因涉及到领土和边界问题，且与政府的口径稍微不一致，就要送外交部、总参谋部、国家民委审核，这一审就是三年。因此，我这本书稿本来在苏联解体之前就写成的，一直到苏联解体后好几年的 1995 年才得以出版。

目前，中国政治地理学与其他学科所取得的成绩相比，与其他国家的研究相比，仍有不尽如人意的地方，这个事实我是承认的。但是我认为政治地理学在中国正在迎来一个春天。随着中国改革开放的深入，随着“一带一路”倡议的推行，我们有很多的政治地理问题摆在政治地理学研究者的面前。我们既要保留研究的特长，例如说陆大道院士的演讲，从国家利益的层面来考虑政治地理学；又要找到一些共同点，例如刘云刚教授所讲的中国政治地理学的谱系，以往政治地理学的研究是外源性的，现在我们要探求内生性，包括理论和方法的研究，过去我们在这方面做得不够，实际上我们在很多应用上的研究也做得不够。

我认为，随着中国“一带一路”倡议的推行，我们要关注在领土、边界，尤其是边界的管控上到底面临什么问题。不要一味认为边界是割裂的、限制的，还要考虑利用边界的旅游功能去吸引国内外的游客。因此，我有个观点是：创建跨界的国际旅游特区。我这些年在搞旅游开发与规划研究，去过中国与越南、中国与缅甸、中国与巴基斯坦等国的边境地区。例如，在中国与朝鲜、俄罗斯交界的珲春，可能很多人都不知道这个地方，这是东北亚的金三角。当时我们与当地政府在讨论过程中就考虑，是否可以在三国各划分一片区域，组建旅游特区。在这里，可以免去入境程序、免税，各国可按照自身的风格来开发和建设。通过建立边界的旅游特区增加边界的旅游吸引功能，这样我们就有很多的共同点了。

当前中国的经济发展快速，已经出现很多跟经济发展不相适应的问题，如人口和经济问题。尤其是深圳，行政辖区很小，但是人口已经超过一般的都市，在全国排名前三。这样的情况下，是否要考虑行政区划的调整问题。其实一些比较敏感的中国与别国的领土边界问题，已经获得了解决。例如，中国跟苏联交界的地方——黑瞎子岛，通过签订协议把问题解决了。很多地方的相关资料还是没有公开的，公开后我们就有很多内容可以研究。再例如珲春地区，曾经有学者讨论过船的航行问题，很早之前东北师范大学的老师曾经研究过，还专门从珲春坐船出海到日本海去。但是还存在朝鲜的不乐意、俄罗斯的不积极、设置低矮的桥梁等很多问题。政治地理学尽管敏感，但我认为东西方学者有很多共同研究的地方，我们可以求同存异，还可以通过类似今天的会议增进彼此的交流，推动东西方政治地理学的发展，我认为这是一个很好的开端，谢谢！

主持人 Takashi YAMAZAKI：非常感谢您的问题，我相信您提出的意见是非常有意义的。我有两个问题：第一，我很好奇的是，与政治地理学相比，为什么地缘政治话题在中国并没有如此敏感？不过在中国以外的其他很多地方，政治地理学被认为是非常有意义的，地缘政治却因为历史原因而非常敏感，我很奇怪为什么会有这样的差异？

肖星：我认为就政治地理学这个名词来说是没有什么敏感的。前面刘云刚教授也谈到，在“二战”时，地缘政治可能跟法西斯会有一些联系，所以对地缘政治的评价是负面的，对边界领土问题是比较敏感的，从国家的层面，这是保密不公开的。如今我们不可避免地说起地缘政治和维护海权，会注意一些敏感的话题，如南海诸岛、钓鱼岛问题等。但是在网站上，这方面的资料很多都已经公开。例如说我们的主持人是来自日本的，我们是中国的，在某些问题上可能意见不一。不管如何，如今政治地理的研究环境比 20 世纪 80～90 年代宽松得多。

主持人 Takashi YAMAZAKI：非常感谢您，我们说到一个边界的定义，在概念上是不一样的。现在大家可以自由提问，请问谁有问题要问吗？

HUANG Linyan：我是 Laval University 的博士研究生，今天在场的有很多教授、主编，我可能是唯一一个来问这个问题的学生。我的问题可能没有战略性，但是我觉得是挺有意思的。我们是否总是需要用理论来支持我们的新发现或是新观点呢？当我提交论文的时候，我总是被要求用理论来支撑我的论文。但是地缘政治是时常更新的领域。例如我想要研究中国航运的演变，我被要求提供理论支持，在分析新的地缘政治现象的时候，我们一定要用到理论吗？所以请教授回答我的问题，理论是不是必要的？没有理论不行吗？这些是我的困惑,我不知道这个是不是算一个抱怨和投诉。

Virginie MAMADOUH:好的,我尽量解答一下。我觉得很多的地理学者,特别在西方、美国学术圈之外的,对于这个问题是很困惑的。因为现在大多数都是西方的理论,比如说我想要去提交一个论文,写一个新的现象。编辑会说你没有理论,在期刊里面是没有办法刊登的,我觉得这是一个游戏的规则,如果你要在国际期刊上发表的话,就要遵守这些规则。像审稿人,或者是文献的提供者,他们是守门人,他们经常会用模糊不清的方式来跟你说,你就是应该提交理论。我觉得有些时候,你没有理论,或者你的理论背景是完全不一样的,这样的话,就更加糟糕了,因为我们不了解中国的理论背景。国际杂志希望你的文章能和现有的理论产生某些联系。另一方面,我并不是说当你的文章没有长长的参考文献就意味着你没有办法发表,你需要在文章中阐释清楚你的文章与现有的理论有着怎样的联系,或是对现有理论有怎样的贡献。我们并不要求每篇文章过多地挖掘理论,但你至少要阐释清楚,一个对你的实证案例不感兴趣的人为什么要读你的文章。如果你对于这些游戏规则很生气,或者是感觉非常无助的话,我觉得你可以讲清楚中国地理学者的研究背景或理论基础。我觉得你可以说,我并没有办法用西方的理论来阐述,但是我希望可以为西方的观众或者是西方的读者,介绍在中国这些讨论是关于什么的。让西方的读者也了解中国地理学者的讨论。

Alexander MURPHY:有时候我觉得理论这个词被过分滥用了,但我喜欢刚刚 Virginie 教授讲的"理论基础"这个短语。我觉得我们应该用其他的方式来考虑,当我们在看论文的时候,你要说清楚,你为什么要选择这个主题,而不选择其他主题。如果你认为这个主题是值得大家关注的,你需要解释清楚,为什么对这个话题感兴趣,也方便其他人对这个领域的理解。我觉得论文中需要的不是对理论夸夸其谈,而是解释清楚你为什么作出这样的选择,可能最终对于你的案例这不是最好的关注点,但是有可能对其他研究者产生启发作用,对那些不仅仅关注北冰洋航运的读者产生吸引力。因此,不要觉得这个是游戏的规则,如果你真的想要你的文章变得非常有学术性,你就要有一些显而易见的理论来解释你的观点。

Virginie MAMADOUH:我不是很赞同你的想法,我认为用英文文献作为理论基础是问题的关键。我们可以把法国或者是其他的非英语国家的情况来作一个比较。我们可以发现,对法国的研究中,英文参考文献是非常少的。这不仅仅是翻译的问题。

James SIDAWAY:我觉得这是一个非常有意思的讨论,关于这个问题的讨论不是第一次也不是最后一次。这个问题跟学术霸权或者是整个学术界的框架是息息相关的。这个问题不仅仅限于《地缘政治》或是《政治地理学》这两本杂志。但是我们认识到了这一点,《政治地理学》这本期刊自 1982 年出版以来,一直致力于理论的研究和理论性的阐述。尽管这不是一本纯粹抽象的期刊,但是这其中的很多文章都是抽象性的、理论的,这促进了理论的发展。在政治地理领域,我们设置了相当广泛的研究范围,包括地方政治、都市政治、边界的政治,以及各个层面的地缘政治,所有的领域都致力于理论研究的推动。我不是这本杂志的代言人,但是我跟他们合作已超过 10 年了。我意识到这些问题,对于一些跨文化、跨语言的学者来说,这是很困难的。这份期刊要求所有作者,不仅仅要展现他们的案例,更要扩展他们的案例以吸引不同主题和文化背景的读者。要让更多的读者,特别是对案例不感兴趣的人,对论文中的空间和权力产生兴趣,这个是我对于《政治地理学》期刊的看法。但是如果你们不认同的话,也可以提出来。有很多投给《政治地理学》期刊的文章没有被发表出来,有些是态度非常强烈的政治宣言。我会避免这些论文,我觉得这是理论的对立面。其实我要说的是,我希望可能有一个理论的空间,可以让我们去确定讨论的基础,但是不要定得太死了。这样的话,就没有灵活的空间让学者们去探索了。不好意思我说太多了。

圆桌讨论二

主持人朱竑：今天这个环节是“东西方对话”环节的其中一节，根据会议的安排，应该有八九位来自中国大陆的学者发言。但由于各种原因，三位没有出席。两位专家在跟西方学者讨论的时候也发言了，所以要发言的学者所剩无几。但看时间安排我们还有20分钟，所以我就想充分利用这些时间谈谈我的一些看法。

前面有些外国专家问起为什么现在中国可以进行政治地理学的研究，我就用我的想法来作一个可能不太全面的回答。1978年中国改革开放以来，中国的人文地理学得到复苏，但是这是根据国家的需求来得到不同发展的。改革开放后需要进行城市建设，在这种巨大的需求下城市地理学得到很大的发展。因此在中国大陆从事城市地理学研究的学者和学习的学生数量都是最多的。后来，随着经济发展的需要，经济地理学也得到很大的发展，所以在中国从事经济地理学研究的学者也是比较多的。90年代以来，旅游发展也带动了旅游地理学的发展。由此可见，中国大陆的人文地理学发展与国家发展需求是紧密关联的。1996年，当我开始进行博士论文研究时，当时在中国大陆从事文化地理研究的不超过五个人，北方以周尚意老师为代表，南方以我的导师为代表，他主要从历史地理的角度研究文化。近20年来，随着中国大陆地区的经济发展，文化地理从原来很少人关心和研究，发展成为现在人文地理学里非常有活力的学科分支。今天的政治地理学，我认为跟20年前的文化地理是差不多的。

第二点，为什么现在中国大陆可以进行政治地理学研究。我认为有两个原因，第一个原因是西方政治地理学研究的内容不断完善和扩充。原来较多地关注宏观、中观以上的研究，如地缘政治等。而现在可以进行更多层面的研究，比方说城市内部边界的影响、空间和权力的关系等话题。因此，随着西方政治地理学的完善，中国大陆很多学者认识到可以去研究不是那么敏感的话题，我们的研究是可以跟老百姓的生活连接起来的。第二个原因是跟中国大陆的政治和经济发展相匹配的。随着经济发展和综合国力的增强，特别是国家领导人的思想开放，中国大陆有很多敏感的话题现在也可以在学术层面进行探讨。尽管这样，在中国大陆学术界的不同领域，对敏感话题的界定还是不一样的。例如，在地理学讨论同性恋这个话题还比较有难度,但在社会学和人类学是非常简单的事情。内外两个原因的综合作用使得中国政治地理学有很大的发展前景。

第三点,“政治”研究的是权力,“地理”研究的是空间。在中国大陆,这种权力和空间的结合可以有与西方国家不同的表现。林初昇教授经常和大陆学者说,你不能总用中国的特殊案例来说明一个学术问题。但实际上,中国的特殊案例是可以完善西方的理论的。不同的地区和国家有不同的政策,在他们的发展过程中可以获得不同的权力和发展的机会。以前,中国的经济是跟某个国家进行竞争,目前也会有不同省份之间产生的竞争。例如,我们之前大部分的手提电脑是苏州昆山生产的,但自从重庆把手提电脑作为支柱行业以后,几乎所有的手提电脑生产都转移到重庆,苏州昆山的经济也因此衰落。因此,经济上的竞争也会带来很多政治的话题。另外,随着中央政府对环境保护的重视,如制定主体功能区划后,GDP 不再是衡量政府政绩的唯一指标,西部有很多县的环境越来越好,可见政策出台对环境的影响。

因此,我认为在中国大陆随着经济的快速发展,随着人们对自身的理解和认识水平的提高,越来越多的话题是非常适合政治地理学研究的。我相信,政治地理学在未来会有更大的发展。刚才《政治地理学》杂志的主编 SIDAWAY 教授也说,《政治地理学》杂志对学术理论的要求非常高。据我了解,除了俄勒冈大学的苏晓波教授,目前中国大陆地区的学者还没有人在《政治地理学》杂志上发表过文章。以后无论是《政治地理学》杂志还是《地缘政治》杂志,都可以更加关注中国的研究。

我相信,以后随着越来越多这样的会议的召开,政治地理学会引起更多青年学者的关注。本人正在做新文化地理学研究,在研究过程中,我们越来越多地发现新文化地理学离不开权力。中国有很多的少数民族地区,它们的文化本身就是权力的划分,因此我发现政治地理学和文化地理学研究是紧密相关的。我认为未来除了举办政治地理学的会议,还可以举办一些关于政治地理学的研究班,届时可以邀请国外的专家来给我们“传金送宝”。

袁家冬:简单介绍我自己,我来自中国东北地区吉林长春的东北师范大学。在中国,政治地理学发展受到了各类的限制,为此中方学者和西方学者就这些限制可以有很多调整的地方。我曾经在日本留学,据我了解,日本在国家决策方面的政治地理学研究相当少。美国的情况我不太清楚。中国在国家决策方面的研究有很多,例如说西部大开发等,因此中国的地理学者对国家的安全、利益关注是比较多的。

中方学者的研究比较偏向“大题小作”,而西方学者比较偏向“小题大作”,这是双方的区别。我认为,作为一个地理学者,除了研究地方和本国,还需要研究国外与国际上的事情。我们有必要对本国资源和市场做出区域性的研究,也有必要探究其如何在国际上发挥更大的作用。

地缘政治是一个比较敏感的话题，如今我们坐在这里是为了更好地合作，目的是解决问题。明天我将会在汇报上涉及琉球和冲绳两个地理上的概念，希望不会冒犯。谢谢大家。

黄贤金：大家好，在此我要讲两点。第一点，首先作自我介绍，我是来自南京大学的黄贤金。南京大学的前身就是中央大学，是20世纪30年代中国最早从事政治地理学研究的院校之一。第二点，目前虽然政治地理学研究的限制越来越少，但是我们对地缘政治等的认识还存在一些限制。例如，我们在研究南海国界线的时候，南京大学地理系有很多当时的老地图，我们可以查阅，但是从保密角度出发我们不可以发表，这是把双刃剑。我国的科学家不能深入研究此类问题，反而一些域外和外国的学者可以就此作探索和发表文章，这对中国的权益保护是不利的，今后我们需要进一步探索和完善这些制度，谢谢！

任建兰：很荣幸参加这次大会，我来自山东省济南市的山东师范大学。很高兴认识来自世界各国从事政治地理学研究的专家，同时见到曾经聚在一起的国内同行。前面的专家们也讲过，政治地理学的话题是比较敏感的。在座的很多同行以前是研究世界地理、世界经济地理和文化地理学的，我个人在20世纪80年代开始做世界地理研究，对政治地理学比较感兴趣。但是由于这个话题比较敏感，也得不到重视，所以我们很多学者都转行去研究其他的领域了。今天通过交流，大家也找到了很多共识。下面我跟大家分享一些想法。

第一，做政治地理学研究首先要在全球化视角下对国家政治关系作出理解。刚刚提到是否要站在国家利益的角度，我认为这是不可回避的问题，这一定是需要基于全球化的视野的。

第二，我认为无论是东方还是西方，学者们在基础理论或方法上的研究是可以共享的。刚才刘云刚教授梳理了政治地理学的谱系，这些谱系也包括西方的谱系，都值得后来的学者去继承、发扬和借鉴。我认为这些都是可以共享的，不存在国家利益划分和敏感性。

第三，东西方学者对同一个地缘政治问题的真实现状的评价，目前仍有障碍和局限性，如中国南海问题、钓鱼岛问题、中国的岛弧和岛链问题，东西方学者的理解都不一样，那么到底真实的情况如何，里面肯定有很多分析。这些局限的原因首先是文化背景，还有就是语言障碍。无论你的英语好不好，我们很多学者和学生首先接触的是翻译的东西，语言障碍问题不单纯是语言问题，更多的是交流和沟通问题，还有就是获得真实情况的来源受限制。在信息公开方面中国有很大的进步，在融入全球化的过程中，很多敏感的信息得到公开。对于公开的信息，越敏感，其真实性越值得考量。如何获得真实的信息，对于政治地理学者是很大的挑战，尤其是中国学者。从国外这个渠道来获取信息来源可能更加敏感，这是我们的困惑和障碍。还有就是个人偏见,例如你对中国是否喜欢,对日本是否喜欢,都可能被带到学术研究当中。这些个人情感问题也是不可回避的问题。政治地理学在某种意义上是带有民族和国家情感的。我们今天的讨论能否在这些方面上有所突破,真正达到学术意义上的研究呢?今天会上我们算是认识了,以后可以加强这方面的沟通和交流。

第四是关于共性问题和地方性问题。我认为我们的研究要坚持面向全球化的共性问题和地方问题相结合的研究方向。因为全球化问题关乎全球,对各国均有影响;而地方问题是我们各自熟悉的,比较精准,在普适性问题上要共享,得出政治地理学的一般规律。一个中国的学者,不可能把视野放到美国或英国等地,但是我们的尺度一定要大,这是我的第四个观点。

还有一点就是我认为,今后的政治地理学研究,随着冷战的结束和全球化的深入,应该以发展为主旋律,坚持合作、博弈和共赢的研究情怀。政治地理学之所以敏感是因为在冷战结束之前它是服务于对抗和占有的;冷战结束后世界进入和平与发展的主潮流,政治地理学应该是合作、博弈、竞争和共赢的。在这样的背景下,我个人认为表面上表现的是地缘政治问题,背后实际反映的是经济和文化问题。政治地理学更多是和国家的文化背景、地理基础和经济问题紧密联系的,它不是为打仗服务,不再像第二次世界大战那样为军事服务。在这样的背景下,我们完全可以解放思想、放开手脚,去公平、友好地从事政治地理学研究,这是我今天听完后的启发。

最后我回应一下刚才有位博士关于论文写作基础理论的问题。我讲两个观点。第一个观点就是任何一个学科要发展要传承,必须有理论基础,这相当于前人的肩膀,是后人要踏着它去发展的。第二个是关于基础理论和论文发表的关系问题,我认为它不尽然是游戏规则,它应该是一篇学术论文的基本框架体系,是规范性的东西。论文的写作中理论与实证我认为是渗透的关系。作为青年学者,你的研究必须要有前人的理论或者自己推导的理论去诠释,实际就是理论与实践相结合的问题。尤其是年轻的博士研究生,我认为不应该排斥理论,这个问题需要反思一下。我认为年轻的学者要创新,同时也不要排斥前人留下的精华。

肖星:我补充三个观点。第一,对于东西方来讲,我认为作为新的政治地理学,地缘政治、地缘经济的研究是非常重要的。第二,我认为敏感的边界、领土、海洋国土等方面的研究,可以寻找地理学和法学的根据来阐述观点。第三,我认为中国的政治地理学者在争取高级别的国家社科基金的研究项目上有很大的提升空间,我看目前基本还是很薄弱的。谢谢大家!

主持人朱竑:好的,时间已经到了,感谢大家的热烈讨论。谢谢各位!

第二部分

面向多尺度的政治地理学

主 持 人:	Alexander MURPHY	University of Oregon
	James SIDAWAY	National University of Singapore
主题发言:	James SIDAWAY	National University of Singapore
	Tim OAKES	University of Colorado
	Joe PAINTER	Durham University
	Takashi YAMAZAKI	Osaka City University
	Virginie MAMADOUH	University of Amsterdam
评 议 人:	袁家冬　东北师范大学	
	Alexander MURPHY	University of Oregon
	周尚意　北京师范大学	
	肖　星　广州大学	

安全与空间:城市地缘政治

James SIDAWAY
(National University of Singapore)

主题介绍 Takashi YAMAZAKI:现在我为大家介绍一下今天会议的大体框架,上午在小礼堂有两个版块的内容,下午的三个会场设置在中大学人馆。今天上午的核心主题是"东西对话:政治地理学研究新进展",其中先是主讲嘉宾演讲环节,之后有来自于政治地理专业委员会的专题演讲。第二个主题与实地考察有关,因此我们安排了深港边界考察活动,这是关于边界城市的话题。我们也请到了这一话题的相关专家,来自科罗拉多大学的 Tim OAKES 教授。今天的第一位主讲嘉宾是 James SIDAWAY 教授。关于第三位主讲嘉宾,由于刘云刚教授是城市地理学者,所以会议内容也安排了一些城市尺度的研究话题,我们也邀请到了研究城市政治地理的学者——来自英国杜伦大学的 Joe PAINTER 教授。这三位嘉宾演讲结束之后还安排了两个专题演讲,而下午在中大学人馆有三个围绕核心主题的平行会场,最后则是闭幕式环节。

现在进入今天的第一个版块,有请主持人 Alexander B. MURPHY 教授。

主持人 Alexander MURPHY:谢谢 YAMAZAKI 教授,他帮助我们组织了很多政治地理学的会议。今天上午的主题是"面向多尺度的政治地理学",第一位发表人是 James SIDAWAY,我和 James 自大学时代便已相识,但他现在主要关注新加坡、菲律宾等地的地理学教育和研究的发展。今天,他将为我们带来城市地缘政治的报告,也就是军营之外的、公共领域的地缘政治。

James SIDAWAY:各位早上好!这篇论文的摘要差不多就是标题想要表达的内容。其实,这与我发给组委会的那篇摘要并不一致,我发的是之前汇报过的另一篇论文的摘要。但是不用担心,这些摘要的内容都是相关的。正如我的演讲标题所示,这是关于城市地缘政治的内容,组委会之前问我能否针对"城市"和"地缘政治"这两个关键词之间的联系进行探讨,我这篇论文想要讨论的内容就是:如果我们把两个备受关注的术语,即"城市"和"地缘政治"结合起来时,会发生什么事情?这两个术语在世界各国的理论中都承载着丰富的内涵,都具有政治色彩。因此，当我们把这两套概念结合在一起时，会出现创造性的交界面，这种城市纵切面也会贯穿在我整个演讲中。在我开始讨论城市和地缘政治的相互作用前，我想先跟大家解释一下这篇论文是如何诞生的。

因为在过去的十年里，我和我的合作者一直在研究首都城市的安全和空间。关于安全和空间交界面的话题，我们最终发表了三篇论文。这三篇论文的标题是一样的，但是副标题是不同的，你们可以在我的个人网站上面找到这三篇。第一篇是“Transecting security and space in Maputo”，这篇论文源于在莫桑比克首都，即马普托的实地考察。我在研究生的时候就开始到马普托进行实地考察，这已经是20年前的事情了。当然，你们也可以看到，这篇论文是有共同作者的，另一个作者是与我合作的研究生 Till F. Paasche，他本人在南非的开普敦大学攻读博士学位，研究的是开普敦的私人安全问题。这篇论文探讨的是首都的监控、私人安全、资本积累和空间生产的问题，并于2010年在《环境与规划》A辑上发表。后来我与其他同事一起在柬埔寨的金边重复这一研究时，我们用了一样的标题和研究内容，只是改了副标题，并在2014年发表。这个研究队伍后来增加了一位金边的研究生一起参与调查，我们进行重复的研究，探讨柬埔寨金边的私人安全和空间生产的相互作用。第三篇文章的作者是 Till F. Paasche 和我，一样是相同的研究内容，研究案例地为伊拉克北部的库尔德斯坦，我们调查的范围超出了城市，前往土耳其沿线的农村地区，那里也是伊拉克的边境。

这一系列的实证研究已经是六年多之前开展的，我们现在呈现的成果更多的是基于理论的思考，所有的论文都是基于图解、安全与不安全遭遇的混合。其中，柬埔寨这篇论文最有趣的部分，是柬埔寨所流行的对于安全等词汇的翻译。这些调查是从三个层次、三个维度进行观察的，成果也即将整理成书籍出版。话题主要围绕安全尺度和安全景观，现在呈现的成果其实也是书籍的结论部分，即对城市地缘政治进行更深入的反思。

我现在主要来跟大家分享一下，城市地缘政治所折射出的五种相互关联的城市纵切面。第一个是城市政治地理的代名词。在关于城市冲突的数十年争论中，诞生了一些非常经典的研究成果。但这种情况仅维持了15年，之后则延伸为更广泛的，对于恐怖主义的批判性研究，从此进入了恐怖主义的时代。在过去十年里，有一些城市学者的研究，是针对城市冲突的安全与不安全问题，所进行的微观尺度的城市地缘政治研究。书里有一个章节的主题是关于城市地缘政治的，而这一话题早在数十年前就已经被许多城市地理学者探讨过了。这些都是非常重要的研究，但感觉还是有很多话题未被讨论，案例地的选取倾向于讨论极度绅士化、封闭式的交流、新自由主义，还有一些是涉及管治问题的。我们在城市地理学中对于城市安全与不安全的情感，超过半数都是依赖于特定案例的，概括其中的一些案例，比如南美洲的一些城市，对于分析城市安全和城市监管还是能够带来不少启发的。总而言之，对于这三个案例研究来说，我们所遭遇到的安全景观是非常不同的，这主要是缘于不同政体的统治。比如柬埔寨禁止私人安全公司介入军队事务，这与伊拉克的情况是不同的，还有很多类似的安全景观的差异。

第二个城市纵切面是重新思考地缘政治，这一点在我刚刚提到的三篇论文里有详细的阐述。城市地缘政治与60年代大量关于以城市为对象的文献紧密相关，这些文献包含了对于城市和世界的地图可视化，以及对于以公民为对象的可视化，周蕾的《世界标靶的时代》就详细阐述了这一内容的起源，并认为城市是20世纪地缘政治学的关键，这也见证了城市和地缘政治之间的纵切面。简・戈特曼在1957年出版了《大都市带》一书，副标题是"美国东北海岸的城市化"。戈特曼认为这一区域在组织居住空间方面是重要的新边界。戈特曼是在近几年广受关注的英语圈地理学者，曾经有针对他在领域方面的著作而举办庆典活动。他出生在乌克兰，在法国长大，后来到牛津大学担任地理学教授。他把东北部看成是单一的城市，为我们思考和研究空间创造了一个新的词汇。1957年的冷战时期，他在《经济地理》期刊上发表了一篇文章，请允许我引用戈特曼这篇文章的第一段话，他写道："对于第一次来到美国东北部地区的外国人来讲，沿着大西洋海岸线广泛分布的一连串的大城市非常引人注目，即使是在15年以前也是如此。1942年2月，笔者经历了从纽约到华盛顿的第一次旅行。之后，Isaiah Bowman在巴尔的摩市询问笔者，作为一个地理学家，这个国家在最初的几个月里给我带来的最突出的印象是什么？我的回答是：'从波士顿到华盛顿一带大城市沿着海岸线高密度分布的现象。'"我想对于一个国家的第一印象总是关于其表面现象的。戈特曼接着写道："从居住空间分布地理学的视角来看，规模这样巨大的大城市带不仅在美国，甚至在世界范围内都是独一无二的。很明显这一连串的都市区是通过集聚作用在近期形成的，而每一个都市区都围绕着一个强大的城市核发展。这种大范围的超级都市区特征是人类所能观察到的最宏伟的城市发展现象，需要用一个特别的名字来称呼它。为此，我们选择了'Megalopolis'一词，它源于希腊语，在韦氏词典中是'一个非常大的城市'之意。"戈特曼所看到的是冷战时期的地缘政治，我们需要从政治和城市的角度将戈特曼的观察进行结合。美国人的开发与郊区的生产，固然与资本有关，但同时也与经济问题有着紧密的联系，是空间生产的一部分。从根本上讲，这种结构是先出现在美国的中西部城市，之后在全球范围不同尺度的城市建筑物、技术和关系中持续地扩张。

从其他很多方式中都可以明显感受到美国的霸权与城市。回到之前所提及的帝国主义体系，如大英帝国、欧洲帝国等。殖民城市与特定形态的空间生产紧密相关，其中商业空间和安全空间在兵营被建构，分割被包围的区域。关于殖民城市的兵营与上述空间生产形态间的关系，已经有大量文献对殖民地的空间生产进行阐述。从根本上讲，殖民城市是一个被分割的、种族化的、内部用墙包围和被包围的城市。刚刚的美国霸权主要是在20世纪，讽刺的是，当我们转入欧洲时代之后出现了一种巧合，即城市的塑造同样是受到深刻影响的。你可以从一些文献中找到与帝国主义相关的资料，我们这里就不再讲美国霸权。汽车流动性是城市的核心，城市地缘政治中最多的内容是关于美国的霸权。这是多用途运动车，有学者研究公民权的多用途运动车模式，自动分区和被包围的微型城市空间，都与这一类型汽车的普及有关。汽车的地缘政治与汽车流动性共同作用于美国同时代的人，并概括为是美国霸权的一种复杂且深刻的运作。在全球各个地方中，我认为最明显的是阿拉伯半岛，在沙特阿拉伯和苏丹统治的海湾，已经有文献关注私有化的动荡和城市流动性的模式所带来的极端痛苦。我认为这些已经超出了阿拉伯半岛这一案例本身，在其他地方如卢旺达、安哥拉、尼日利亚、中国的一些城市等，我们可以发现，这种空间生产是城市地理学中较牵动人心的内容。我们所感兴趣的一个问题是，与美国霸权的抗衡是如何使之发生重构的？这里不得不提到的是“一带一路”，这其中也有我们刚刚提及的流动性、技术和城市空间生产之间的关系。当然，中国的“一带一路”项目和阐述也可能会给我们带来一些启发和思考。

还有两个城市纵切面没讲，只剩下五分钟了，我会很快地讲一下最后两点。第四点，对于城市的定位，这个问题在于我们应该怎么去认识它。一种说法是乡村包围着城市，但是现在有另一种说是，城市周边什么都没有，也就是说，整个世界实际上都被城市化了。一位学者的著作里曾写道，整个世界在社会层面上来说都被城市化了，并没有什么城市以外的区域，整个星球都不会找到一个认识论和本体论的城市。这种观点很引人注目，并把我们带回到早些时期对于全球封闭和全球战略的思考，即 21 世纪初期的空间封闭时期，存在如对权力的着迷等。城市的认识不能仅仅通过预测的分类与组织过程的阶段，还应该包括实践的类型，以及意识形态表征下的城市化进程。这就意味着，一位城市地理学者，可能会把自己视为一种意识形态下的过程或物质。在近期关于世界城市运转的想法中，有一位学者就指出了分析意识形态下的城市化进程和阶段的必要性。这是一个我本来想深入分享的理论要点，但是由于时间关系，我就直接讲最后一点了。

第五点是关于底层地缘政治。对于一些人，特别是那些远离现代城市的人来说，接触城市地理或城市地缘政治，就是在接触民间的地缘政治。我现在讲的内容，并不是大家通常所理解的那样，即从主体的范畴来说，是一些被忽视的、未被表征的、心声被边缘化或未被书写的，甚至是在分析过程中被否认的底层群体。但是我们也需要注意早些时候对于底层群体的认知。这一点的内容是受到穆罕默德・阿约伯的影响，他在探讨国际关系时提出了关于底层现实主义的观点。我认为底层地缘政治并没有被推翻，它在当时是萨达姆时期的城市特征。底层地缘政治不仅包括后殖民城市特定形态的景象，好比新的首都，如阿斯塔纳等，同时也产生了权力的独白，不管是看得见的还是看不见的。这就要求我们与地理中的权力打交道。因此，城市不仅仅是描述世界的景象，更是包含了权力的形态，这是在地图上读不出来的，地图只是规定了直截了当的表现形式，而且在许多西方社会科学中处于边缘位置。

谢谢！

中国的城市化前沿:一个边疆视角

Tim OAKES

(University of Colorado)

主持人 Alexander MURPHY:谢谢 James! 下一位演讲者是来自科罗拉多大学地理系的 Tim OAKES 教授,他同时也是该校亚洲研究项目的负责人。Tim 教授是华盛顿大学的博士,他是美国精通中国文化、社会的专家之一。他尤其关注中国文化、社会和批判性旅游研究。今天上午他将从边疆的视角探讨中国的城市化,讨论当城市成为边疆将发生什么。

Tim OAKES:早上好! 我首先要对 YAMAZAKI 和刘云刚表示感谢,感谢给我这个机会来中山大学。第二我要对我们的中国朋友们表示对不起,我接下来要说英文。这次的演讲是我长期以来研究兴趣的一个成果,我对边疆的概念比较感兴趣。过去 25 年间,我长期从事中国边境区域的研究,这些边境与美国的边境是不一样的。我们的概念中是指美国西部边疆地区,这些边疆塑造了美国的历史。但是它们之间是有关联的,我希望可以一探其中的究竟,这是我演讲的其中一方面。另一方面是我最近对中国的城市化抱有兴趣,正如刚才 James 教授讲到,如果你长期在中国做研究,你会发现很多你研究过的乡村都转变为城市了。我经常会遇到这种情况,以至于我不得不重新思考中国的城市化对于未来研究的意义。

我首先要谈到的是城市化的意识形态,很多人认为乡村地区应该对城市化的意识形态作出让步。但多年以来,尤其最近几年的研究发现这种认识是不完整的,是不符合当下中国实际情况的。他们只关注了规划、思维和意识形态层面的东西。事实上,更为重要的是实际的城市化进程,仅仅关注意识形态是没有多少帮助的。因此,我今天的演讲就把我对城市化、城市建设项目和边境的想法放在一起来呈现,尽管可能不是很全面。

我经常问我自己一个问题,怎样从一个边疆的视角去看待中国的城市。我首先想到的是非洲,在过去几年,那里最大的新住房项目都是由中国人投资实施的,如安哥拉社会住房 KK 工程、内罗毕北京路的长城公寓项目、由上海的同济大学规划设计的尼日利亚拉各斯的自由贸易区。这些都是由中国特意建造起来的,它呈现了最新的规划理念,规避了过去规划中的一些失误。因此,在这方面,非洲被视为中国城市发展的“白板”。戴志康便是典型的例子,他是证大集团的 CEO,证大是在非洲尤其南非最主要的城市开发企业之一。尽管我并不完全了解他的想法，但他非常信奉这样一个观点，一个有些荒谬的观点，即非洲是建设完美的“明日城市”最为理想的地方。在这里，可以改正中国所犯的错误，最终切实实现“明日城市”的愿望。因此，非洲不仅仅是非洲人民所独有的，它正在成为面向未来、面向“乌托邦”的新的边疆。或者，我们还可以考虑另一种作为边疆的城市，如三沙市，它管辖了南中国大片领海区域。我现在无法展开更多细节，但我发现这里边疆区域城市化的现象非常有趣，例如三沙市政府所在地就表达了其对明日的理想城市的期望。通过这种边疆地区的城市化，中国力图实现对领土主权宣示的目的，但这不是我想要采取的视角。我要问一个更为宽泛的问题，当城市空间成为边疆时，我们能从中学习到什么？

第三点，我们需要考虑这样一个事实，边疆实际上存在于任何地方。边疆不仅仅在非洲，也不是在国家的边境，而是在我们的身边，以各种不同的形式存在，尤其是中国的城市化进程中，比如在广州的冼村实行村民自治。我们需要特定的方式去理解这种形式的边疆和这种形式的城市化。

因此，我想要做的就是建立一个理解边疆的理论框架。首先我考虑的是类型学，有三种不同的方式去思考边疆，我也将给出具体的理由。文章的第二部分将探究前述三种边疆中的一种特殊类型，运用这一概念，我们的城市空间就是一种新的边疆。因为时间的问题，我没有办法一起去探讨，但我想介绍一种不同的思维方式，通过基础设施去研究作为边疆的城市，我觉得这可能成为未来一种新的研究方法。

现在我来介绍思考边疆的三种不同方式，或者说三种概念性观点。第一，边疆可被视为文明的前缘，它包含了一种进步的隐喻在里面，包括像在今天我们的会议当中也用到这一词汇。它在中文里面对应的术语是“前沿”，这个“前沿”跟我们的定义是相关的，就是进步和发展，是一种“标兵”的概念。但更加广义的“前沿”更是一个历史的概念，比如说我们可以把我们的文明进一步推进到不那么文明的地方。这是一个临时的概念，而且会随着时间的推移而变化，它带有乌托邦色彩，是非常的理想化的。第二种方式是接触地带，或者更加准确的表达就是殖民主义。有两种不同的文明相互接触，两种不同文明之间出现了一些权力的冲突，我认为这是时间和空间混合的形态，它们也会随着时间的变化而发生改变。第三，也可以将边疆当作边界地区，这是一个具有更加强烈空间性的概念。也就是说，它是一种非常态的形态，也是一种反乌托邦的形态，可能是一种比较混乱的形态，是一个比较特殊的地方。以上三个概念应该以连续的视角来看待，我觉得就像我们刚才讲的，城市文明的发展带来“前沿”，带来的思维形态上的变化，还有就是我后面讲的关于空间的概念。那我们就来讲一下，我们的这些方式在中国的城市是怎么样去运用的。

首先，我们认为边疆是一个文明的前缘，同时城市是一种理想的乌托邦空间。比如说建在非洲的“明日城市”，以及在中国历史上的带围墙的城市。中国带围墙的城市是人们的居住地，他们是中国文化的边疆（或“前沿”）。所有这些城市的规划都是非常好的，比如说汉代城市的格局都是非常明显的。讲到这一点，我们就不得不提到“创造城市”。“创造城市”是完全按照设计者的想法创造出来，一个有着完美几何图形的城市。这种城市是一个“去地域化”的城市，与其所在的地理位置是没有关系的，它是一个独立体，跟其他城市没有任何联系。我们可以看看这些城市，比如说欧文在美国 19 世纪早期创造的城市，这也可以追溯到笛卡儿的一种想象。战后有很多的小城市和新城市的建立，比如法国的 Mourenx 新城也采用了笛卡儿式的城市规划，他们都是规规整整的。在中国很多边疆（“前沿”）城市也是这样规划的，比如成都的天府新区。我不知道这里是不是按照“创造城市”或者“天国城市”（Heavenly City）的概念设计的，但是我觉得它可以代表中国城市化的前沿。

至于接触地带的概念，我们可以考虑中国历史上的皇城，或者说建立在皇家的边疆城市，这种皇城一般都有城墙包围，只有某些特定的人才可以进入这样的地方。它也是乌托邦的，但它不是凭空创造出来的，没有与其地理位置划分开来，它是具有“地域性”的，必须与其所处的现实情境互动。大家也可以想象像广州或者其他城市历史上都会有类似的“接触地带”，在 19 世纪你随处可以看到殖民的区域。当今中国某些新城建设也可被视为边疆中的“接触地带”类型，在这些“接触地带”，汉族和其他民族居民相互交融。边境城市深圳也可以被看作中国大陆与香港之间的“接触地带”的一个特殊例子，它是社会主义制度与资本主义制度交流和互动的地方。

最后我们看一下，如果城市作为边界地区去探讨是怎么样的。我将尝试说明，思考城市的一种有效方式是，考虑它的基础设施。城中村，这样的城市形态并不是“创造”和规划出来的，但却是由不同的社会群体、来自不同地方的移民在错综复杂的土地所有权之上建成的“真实的”城市，所有一切事物都高度混杂。这就是当今中国大城市的现实，这也就是为什么我们要关注城市的基础设施。

接下来我将谈到一些例子，怎样将以上三种城市作为边疆的思考方式运用到实际中。当我们用不同的思考边疆的方式去看待不同城市的时候，它们通常并不是相互独立的，这一点是非常重要的。边境城市或者作为边界地区的城市有时候会成为接触地带，有的时候它们又是文明的前缘。我们从不同的角度去看待他们，那就会有不同的表现。我们可以谈一下贵州省雷山县这个例子，这里是贵州的边界地区，尽管最初的设想是作为中国文明的“前沿”，但社会主义建设实际已经让步于一种与乡村人民生活相适应的新的城市社会主义。因此，这里更应该被视为“接触地带”或者边界地区，而不是“文明的前缘”。我们也可以将这样的观点运用到正式的术语当中，中国有正式的边境城市，比如香港和澳门，这里是混杂了各种主权的边界地区。澳门在 1999 年回归中国，然而我们一直都在强调澳门的独特性，它融合了葡萄牙、中国广东、中国大陆等的文化特性，这是正式的边界城市的例子。但我还想举一些更近期的边界地区的例子，比如鄂尔多斯的康巴什新区，这里修建了一系列纪念雕塑以展示中国的游牧文化。还有宁夏的首府银川，为了更好地回应“一带一路”政策，将自己定位为中国和阿拉伯文化的桥梁，这是城市作为边疆非常重要的一种方式，是一种正式的边境。

在正式的边境之外，还有一种由城市基础设施发展造成的边界地区空间。典型的例子便是珠三角地区，我对 James 在拉各斯的工作非常感兴趣，他让我们思考城市化与地缘政治所扮演的角色。我将运用他的一些观点去分析中国珠三角的情况，珠三角是自上而下城市化与自下而上城市化结合的典型范例。珠三角正式的城市化都是通过自上而下的总体规划诉求实现的，尽管不同地方以不同的方式相互竞争，基础设施的发展将它们的利益联合起来，形成一个大型的都市带。因此，我正在思考城市的基础设施是怎样将城市和乡村、城市内部和城市外部、正式的和非正式的城市化、有规划和没有规划的城市连接起来的。在中国有两种形式完全相反的城市化，一种是正式的城市化，这是一种乌托邦式的城市化，代表了“文明的前缘”，它是规划出来的，是有抱负的。当然了，很多时候它不是按照我们所想的情况建立起来的。另一种理解就是作为边界地区的城市。我所讲的基础设施的城市化概念是非常宽泛的，跟我们传统意义上的基础设施是不一样的，它不仅仅关系到物质层面，诸如城市的管道、线网等，当然它包含所有这些元素，但更加广义和宽泛。为了表明我的观点，我将首先挑战城市是一个统一的整体的观点，以此建立城中村的系统化理论。从来都没有证据表明城市是一个统一的整体，然而长期以来人们都信奉基础设施构成了“连贯城市”的基本框架。我认为这样的想法已经过时了，需要通过珠三角的实际经验得以更新。我们需要将社会、文化实践考虑到城市基础设施的历史进程当中。

我没有时间完整阐述以上观点，我将援引深圳的例子做一个简短的总结。白石洲是深圳的一个城中村，其中一部分已经被拆掉了。深圳经常被描述为一个没有历史的城市，但白石洲为我们展示了 20 世纪 50 年代以来深圳历史变迁的例子，并且可以继续往前推移。这样的历史下特定类型的基础设施和特定的土地利用模式影响并塑造了今天城中村的形态，是与理想规划相对的基础设施城市化的体现。

我就讲到这里，谢谢！

城市社会创新的微观政治

Joe PAINTER

(Durham University)

主持人 Alexander MURPHY：谢谢 Tim！上半场的第三位也是最后一位演讲者是 Joe PAINTER 教授。Joe 毕业于剑桥大学，并在开放大学获得博士学位，自 1993 年起便在杜伦大学从事地理学研究工作。他主要从事公民权利和民主的地理学、国家管治结构，以及他称之为国家的地理学的研究。今天他将为我们讲述城市社会创新的微观政治。

Joe PAINTER：各位早上好！非常荣幸能够收到组委会的邀请，也很高兴来到广州中山大学。再次感谢刘云刚教授和 Takashi YAMAZAKI 教授的邀请。正如 Alexander B. MURPHY 刚刚所介绍的，我在英国杜伦大学待了很多年。杜伦是英国东北部的一个小城市，所以你可能不知道它在哪儿。尽管是在一个小城市里，但我们的地理系是全英国最庞大的，有 6 个系，100 多名研究生，700 个本科生。

很高兴能就"创新"这一主题在中国进行交流，中国因在人类历史上有很多创新和发明而闻名。实际上，当我在学习工业革命时，我父亲就给我讲授中国历史的内容，他在 20 世纪 70 年代初拜访过中国，经常提醒我，很多伟大的工业创新并不是发生在英国，而是早几百年就在中国发明了。中国的四大发明，分别是指造纸术、火药、指南针和印刷术，这些发明对全世界都产生了重要影响。此后人们一直在争论，为什么中国如此精湛的技术发明，并没有在 17 世纪引起像英国那样迅速的认知革命和工业化。技术革新在工业进程中的应用，在 18～19 世纪改变了欧洲北部的国家和美国北部的地区，引起了经济的繁荣、人口的膨胀和组织的建立。技术革新在各种意义上仍旧不断地进行着，只是进程快慢的问题。我小时候在英国对于工业革命的学习，侧重于称赞每个英雄人物，如詹姆斯・瓦特、理查德・阿克莱特和乔治・史蒂文森，他们分别发明了蒸汽机、水力纺纱机和蒸汽机车。大学期间在剑桥学习地理的时候，我了解这些发明绝不仅仅是源于个人的智慧，而更多的时候是源于社会的进步和经济的发展。不论是个体的创新还是更广泛的工业变革，都是根深蒂固的过程性因素在特定地方集聚的结果。正如地理学者多丽・梅西在"保卫空间"中提到的，地方是具有多样性的。20 世纪 80 年代末，我在开放大学师从梅西教授读博士学位，这时我才开始明白长期的经济重组过程是怎么一回事。“二战”之后，欧洲国家经济增长和社会进步的漫长阶段，已经走到了尽头。英国有活力的制造业和社会政治结构开始进入衰退阶段，金融行业被解除控制，英国的地理学被改造。伴随着北英格兰工业城市的大量工人失业，伦敦和南英格兰的第三空间经济开始增长。这些变化背后有一些政治层面上的原因，涉及政府对厂商的管控，以及管理制造业的经济政策，通过这些政策来降低物价、工资和通胀。这一结果引来了大量争议，出现了众多工厂倒闭和高失业率的情况，市场改革则加速了工业变革的进程。20 世纪晚期的党派之争也扮演了一个非常重要的角色，然而英国并不是唯一一个经历工业革命的国家，其他地区和国家也参与到了这一进程当中。城市经济地理学者用了很多理论来解释这种长期进程，其中一个最具有影响力的理论，即长周期理论认为技术变革是核心因素。该周期理论也叫康德拉基耶夫周期，是 1925 年俄国经济学家康德拉基耶夫提出的一种为期 50～60 年的投资和撤资周期。长周期理论认为资本主义经济每 50～60 年循环一次。这一理论的后期版本与约瑟夫·熊彼特的研究有关。他认为创新是经济波动的核心驱动力，并首次在商业这一情境下提出“创新”的概念，意指把创意产品引入市场和创意产品本身的发明。

为了表彰他所做出的成就，熊彼特在 1939 年提出将长周期改名为康德拉基耶夫周期。根据熊彼特的观点，企业家不仅仅是为了在最低成本上生产商品和满足消费者需求而雇用劳动力，当这些技术在某一个时期成熟，而且市场开始饱和时，它们就不会对接下来的经济活动和繁荣产生如此积极的影响，直到技术创新启动新的一轮增长周期。第一至第五个周期分别与以下因素有关：蒸汽动力和棉花、铁路和钢铁、电气工程化学、石油化工产品和汽车、信息技术。现在有人在争论，基于数字技术的广泛应用，已经开始了第六个周期。尽管长周期理论引起地理学的反思，建构这一周期的实证迹象是在预料之中的，而这一理论确实强调了创新在经济发展中的重要性，及其在特定时期和历史进程中的可分解性，而提供相应的社会政治制度可以促进周期性的资本增长。

如果说长周期理论解释的是创新在时间上的可分解性，许多经济地理学者则认为，创新和制度在空间上的可分解性，一样对经济发展具有重要影响。他们提出了城市与区域情境，在创新和工业革命变化中所扮演的支持性角色。他们指出情境因素，如地方和区域金融机构、政府项目、文化规范、交通基础设施、劳动力市场管理可以促进或抑制创新。原始创新系统的概念，提供了一种评价和对比创新空间差异性的方法。在一般情况下，创新发生于城市中，工业生产主要是在郊区的小城镇。然而，城市也为促进创新提供了充足的条件，如政策制定者可以使创新型人才和资源，以及邻近区域的制度支持集聚在一起。

长周期理论的一个重要论点是，创新投资的增长具有有限的持续性，这带来了一个备受争议的负面影响。创意产品和过程被广泛传播，而且市场变得饱和，驱动进一步经济增长的动力开始衰退。欧洲很多地方在 2008 年所经历的金融危机，并不是源于建设方式的问题。然而 2008 年之后，欧洲经济恢复的缓慢性，导致政府官员和政策制定者开始进行干预，以促进创新的发展，并希望能够开启一个新的上升形式，这些努力包括促进社会和工业的创新。欧洲城市需要处理很多社会问题，如失业、贫困、住房的质量问题，资金不足的公共服务、不良的饮食、身体和心理健康问题、无法使用高质量的公共空间等。因此，对于评价这些问题的本质来说，地理学是很重要的。城市之间存在着巨大且重要的差异，同时城市内部也具有很大的空间差异性，这些问题很多都集中在特定的周边地区，通常会影响城市边缘的特定人群，如年轻人、老年人、特定族群和残疾人。我的一位同事在关于平均寿命的研究中发现，在城市中相对贫困的区域，男性的平均寿命大约为 70 岁。而在同一个城市内部相对富裕的区域，以中国或英国的小城市为标准，男性的平均寿命大约为 84～85 岁，这种寿命差距在较短的空间距离内可以达到 15 岁。城市社会问题的原因，如这个寿命差距问题，是多样且复杂的，它可以引起公共设施和投资在地理空间上的变化，边缘地区高层次的经济繁荣，以及其他地区低层次的经济增长等。公共政策和工作场所、就业、卫生保健、社会安全和住房，在改变社会规范和行为准则方面扮演了重要角色。欧洲城市所面对的挑战，见证的似乎正是这类问题。这些复杂的问题再构造了矛盾的方式，而且并没有明确的解决办法。解决这些问题需要试验和创造力，用新的眼光来解读，用其他方式进行改革，并寻找适应地方的解决办法。总的来说，就是需要社会创新。

社会创新，就是为了满足未被满足的社会需求。根据杨氏基金会的报告，一个主要的社会创新组织，社会创新的结果就在我们身边：自助小组、自建房、语言热线、电话的医疗诊断服务、社区托儿所、开放大学、国民健康计划、消费者协会、慈善商店、互惠贸易运动、零碳住宅建筑方案、风场、社区课程等，这些都是社会创新的例子，此类新颖的想法极大地改善了人们的生活。以上是杨氏基金会的案例。

对于熊彼特这样的经济学家来说，他们认为科学和商业创新是经济发展的核心驱动力之一。对于杨氏基金会等社会创新组织来说，社会创新是，或者说应该是社会发展的核心驱动力。因此，社会创新可以被定义为，适应社会需求而非仅仅经济或商业需求的，新思想、新产物、新工艺或新组织形式的一种发展。

针对社会创新这一主题，我和几位同事在三个欧洲城市——希腊雅典、德国柏林和英国纽卡斯尔展开研究。我们从广阔的视角来研究社会创新，我们并没有把它与社会企业和社会企业家精神等同起来。社会企业是社会创新的潜在来源之一，但是还有其他很多来源。社会创新的来源可以是公共政策、商务、虚拟组织、社会运动、城市社区治理。社会创新可以从很多不同领域的活动中产生：食品、住房、健康和福利、金融、艺术、文化、教育、交通、环境可持续性等。社会创新也可以在不同尺度上展开,一些是全球尺度上的,如微型贷款和微型金融。2006年诺贝尔和平奖的获得者、孟加拉国的银行家穆罕默德·尤努斯所创办的“格莱珉银行”遍及全世界。其他一些社会创新则是基于单个社区或单方面的,如在雅典,居民可以把不想要的衣服和家居用品,给其他人收集,并免费地再次使用。这个项目不仅是为了满足贫困者的需求,也是为了挑战消费主义这一意识形态。像所有其他科学术语一样,社会创新是一个具有争议性的概念,不同学者在理论中阐述的是矛盾的定义,他们对于社会创新持有批判的看法。一些批判社会创新的学者认为,这种解决办法可能是危险的黏合剂。最好的情况是,它探讨了社会问题的症状,而不是这些问题的原因;而更糟糕的情况则是,通过支持那些已经有时间、资金、专业知识、社会政治联系等资源的社区,它加剧了社会的不平等现象。社会创新还可以使政府和政策制定者摆脱困境,通过将解决这类社会问题的责任分担给市民和一些组织。持批判观点的学者也认为,社会创新代表了新自由主义思想的进一步延伸,通过应用市场创新,强调个体创新者,而在解决社会问题上弱化了国家的角色。另一种质疑社会创新的观点,则认为更应该关注已有系统的连续性而不是去修复或维持它。正如柏林的一个组织向我哀叹:“每当我们申请资助的时候,我们都被质问所提建议的创新性在哪里,但我们并不需要对创新的资助,我们只希望有资金资助我们现在正在做的好事,我们并不需要改变他们。”这表明能够识别风险是很重要的,但是创新的领域是很多元的,它不需要受限于框架或是狭隘的术语。社会创新的广义内涵,可以包含所有时期与社会活动相关的创造、发明、试验和改编等。甚至一个人并不需要成为新自由主义者,才意识到国家制度和公共服务也可以受益于社会创新。事实上,他们迫切需要社会创新,才能更好地应对社会文化和技术变革。社会创新研究的其中一个主流是产业创新,但社会创新依旧需要创建自己的术语。

在我们现在的研究项目中,我和同事提出了四种塑造社会创新的地理方式:一种组织或业务流程,一种社会空间系统,一种话语构型,一种社会—技术实践的网络。首先,我们可以认为社会创新是一种流程,类似于传统的技术和产业创新流程,这可能是最普遍的塑造方式。你们可以看到,这里呈现的框架仅仅是在谷歌搜索“社会创新过程”这一关键词时,出现在第一页的结果,所以把用这种方式呈现想法是很常见的。在这种框架中,社会创新以想法为起点,这些想法可能是回应某个特定问题,也可能是基于天马行空的思想。接下来则进入研发阶段,在这个创意被测试之后,它会被投放入市场并适当地向上扩展,并会被评估和评价,为后续的发展和创新提供经验。这一过程与工业部门的研发过程很相似。从地理研究的角度来看,可以探讨创新对内部工人的影响。同样地,还可以探讨城市或区域经济发展,以此将社会创新塑造为社会空间系统。一些经济地理学者认为,公司通常可以因布局在密集的地方原始网络中而获益,即与其他企业分布在同一个区域内，进而获得支持的社会政治制度、金融和法律服务、教育和文化组织等。原始网络的想法正是基于此，个体创新系统所具有的知识功能，可以把商家和知识生产者联系起来，并使得政府制度在特定地理空间范围内形成一个虚拟的创新圈。

这一想法通过欧洲的实证研究得到了很好的印证，它规则地映射了创新活动中的区域差异。在欧洲，有些区域是具有创新性的，有些区域则不具有创新性，其创新强度存在差异。大体上来说，这些组织流程和原始系统的框架也都可以应用社会创新，但在实践中它们有一些局限。与传统的业务创新相比，社会创新似乎更具试验性和零散性，它并不需要呈现顺畅的、界定好的和整齐的状态，更多时候是不规则的，甚至是意外的。社会创新的零星性特点，部分当然是因为其与界定好的实践内容无关。然而，还有另一个原因，从本质上来说，社会创新包含人、团队和组织之间新的联系的发展，尽管社会创新涵盖技术的进步，它的成功很大程度上依赖于与技术相关的社会关系。例如，提供给低收入家庭的廉价太阳能炊具已经被研发出来了，它也是保护生态环境的替代品，包括煤气煮食和柴火。然而，太阳能炊具只在白天有太阳的时候才能运作，因此这并没有被广泛地应用，因为人们需要在白天工作而在晚上用餐。在科学的业务流程的层级管理中，要考虑社会创新里所有的社会和文化因素是很难的。因此，我们探讨另外两种塑造社会创新的方式：一种是话语构型，另一种则是社会—技术实践的网络。社会创新在美国的研究机构、政府和企业中已经成为一种公共利益，而且有越来越多的由刺激性动力引起的关于社会创新的研究、争议、讨论和提升。组织希望得到政府的资助，“斯坦福社会创新评论”混合了数字社会媒体。关于什么铸造了社会创新，以及该如何实现社会创新的概念化想法，将社会创新塑造为一种话语构型。第四个框架是一种社会—技术实践的网络，我们的理论来源是受到皮埃尔·布迪厄等学者的启发。基于第四个框架，社会创新被认为是创造、发明、试验和重塑的实践，包括组织、想法、资金、物体、空间和人类之间的合作。这些网络可能在地理空间上、世界范围内或单个社区内广泛存在，它们并不需要顺畅的运作方式，可以被分解或破坏，可以依赖于地方，也可以在地理空间上具有灵活性。而且与区域社会创新的系统不同的是，其并不以某一特定框架为先决条件。

最后，我简单谈谈微观政治。微观政治是互动的最小单元，尺度政治、个体活动和日常社会行为都能够映射权力关系。正如我在介绍中提到，我写了一篇关于国家权力地理的文章，其中提到政治地理在很多领域能够找到相关内容，包括社会创新。“微观尺度”这一术语对于很多政治地理学者来说都很熟悉，我们这次会议的演讲主题从地缘政治到城市地理，再到城市规划，再到现在的社会创新的微观政治。它涉及最小的尺度，因此它的影响也是有限的。当然它也涉及操作个体和小团体层级的互动和过程，但能够产生很大影响。举一个简单的欧洲案例，即选举。投票人进行个人的选择，这种微观政治所产生的影响是很大的。但根据哲学家吉尔·德勒兹和费利克斯·瓜塔里的观点，微观政治在分子尺度上运作，这种说法主要是为了与整体尺度形成对比。他们提出了两种形态，这两种形态以大小为区别，即大和小的形态。确实，在细节上运作的分子尺度主要出现在小团体里，但这并不意味着它就比整个社会领域和组织的分布不广泛。微观政治可能在分子尺度上运作，但同时也可以是广泛分布的。

这对于之前提到的社会创新来说有什么意义呢？社会创新是一种微观政治，至少可以从这三种方式来讲。第一，这是最重要的一点，社会创新通常都是小尺度的，反映其在发展中所具有的试验性的特征和集中的投入，这些都是很难向上扩展的。例如，雅典的免税店是由志愿者组织的，志愿者与商店之间形成了良好的关系，因此多开一家店来向上扩展是很困难的。

第三，社会创新工作本身，即提出解决社会问题的新办法的过程，是一种微观政治。社会创新在短期内并不涉及大规模的社会转型。有一种对策等同于社会创新，即寻找较小规模的调整方式而不是寻求大规模的重组。例如，英国东苏塞克斯郡刘易斯市发行"刘易斯镑"以临时取代英镑，这种做法可能是有效的。因为这个南英格兰的小镇在不充足的财政资源支撑下，进行的是小额贸易，而且其经济增长较缓慢。尽管在解决社会问题的过程中缺乏足够的资金，但是他们似乎并不废除货币，或者货币交易的政策。

第三，社会创新是微观政治的原因，并不在于它能够直接加速社会创新，而在于社会创新有影响更大范围城市的能力。许多欧洲城市社会创新的案例中，包含了对于废弃空间的适应和再利用，这些废弃的空间可能是开阔的室外区域，也可能是短期借用于社会公益的建筑。我们在纽卡斯尔的一个案例研究发现，一个大范围的城市街区被用来再开发，对于这个地点的开发用途，该建筑的雇主是一名设计师，他打算将其用于零售发展。为此他还咨询了城市规划师。然而在工程开始之前，2008 年的金融危机席卷而来，整个工程都被关闭了。这个工程的所有者，并没有从这 1 000 平方米的办公室面积中赚钱，还留下了大量未偿还的全年税费，毫无收益可言。一个社会创新的方式出现了，两位刚从大学毕业的艺术生，他们想要廉价的工作室。雇主撒谎说这个地方可以作为免费的和暂时的艺术与展览工作室，并以这种方式摆脱了税收问题。这个街区很快融入了其他的用途，并在中央商务区的中心形成了一道富有活力的文化区。这个项目的益处还有，支持具有创造力的生产者，保证建筑物持续被占有，保持对周边商店和城市中心的吸引力。然而，这些在微观政治尺度上也具有潜在的更长期的影响。这种对于城市空间的交替性使用，引发了我们对于主流贫困市场运作的思考。那些喜欢参观画廊、书店、微剧场和艺术工作室新项目的人，可能并没有意识到它曾经受到微观政治的影响，他们所看到的是一个城市可以如何通过另外一种不同的方式被组织起来，他们可以自由地参与到有关城市空间的再解读当中。浪漫化微观尺度的社会创新是很容易的，但是在这个纽卡斯尔的艺术工作室周边，城市生活持续地围绕着这个工作室的艺术创作而运转。社会创新的脆弱影响力不应该被夸张化。然而，它们除了对城市生活有直接的益处之外，还可以象征城市的其他生存和生活方式，并且它所具有的显著的政治影响力，还能让更多的居民深入地参与到城市转型进程中。

特邀评议

主持人 Alexander MURPHY:现在我们进入评述环节,本来安排了三位嘉宾进行评述,但是有两位没有来会场,不过这也不是坏事,因为我们已经有点落后于预定的时间安排。现在有请来自东北师范大学的袁家冬进行评述。

袁家冬:非常荣幸参与会议的评述,本来有三位教授点评,一位北京大学的教授,一位外国的教授,遗憾两位今天都未能到场,现在交给我一个人点评,压力有点大,请多多包涵。我的英文水平一般,通过翻译获得各个学者的信息,一定会存在理解不完全的地方,请各位多多关照和原谅。

第一位是来自新加坡国立大学的 James SIDAWAY 学者,他作的报告"安全与空间:城市地缘政治"给了我很大的启发。我觉得地缘政治或者政治地理学,基本都是从大的空间尺度的关于国家与国家关系进行研究的,而作为小的空间尺度的城市政治地理学研究,我们更加关注城市的利益和资源分配的公平和公正性问题。因此,在小的空间尺度,从城市的安全、空间秩序和权力这方面进行研究,我觉得比较新颖。他在这方面做了大量的工作,给我们提供了很好的示范。通过莫桑比克的马普托、柬埔寨的金边、伊拉克的埃尔比勒和缅甸的仰光这几个典型城市的分析,谈到了区域城市在地缘政治中的节点作用。我认为在如今快速城镇化和人口向城市高度集中的背景下,他的观点是正确的。最后,SIDAWAY 教授也对中国的"一带一路"提出了一些建议。我认为中国在建设"一带一路"时应该重视与周边国家以及城市的联系,特别是政治中心城市和交通枢纽城市。

我个人认为他的观点是正确的,但是也要考虑到国家的人口分布问题,比如说 1949 年新中国成立之前,毛主席提出农村包围城市,要考虑中心农村发挥的作用,还有人口过度集中在地缘政治领域在国土安全问题上有多大的影响,这方面应该有个交代。但是由于时间的关系,SIDAWAY 教授提出的是一些具体的典型的城市案例,其实我们真正想看到的是空间—安全关系如何建立起来,城市安全如何产生,如何管控,针对安全问题城市的空间主体如何来应对。这些 SIDAWAY 教授还没有展开来谈,希望感兴趣的学者和同学可以去关注他的文章，这是第一点。

第二点，国内外的学者，包括很多青年学者更加关注一些大的事件和案例。SIDAWAY教授提及的四个典型城市也可以谈一谈大的事件和案例，利用大的数据，包括一些统计数据、问卷、文献和史料来支撑自己的观点，可能这样会更好。由于时间关系没法细细点到，我们希望以后会在论文集里深入研究。

第二位就是来自美国科罗拉多大学的Tim OAKES教授。他的研究触觉是非常敏感的，他关注的问题是我们中国的城市学者关注的问题。OAKES教授所讲的城市边缘地带，在快速城镇化的今天存在很多问题，包括文明问题、二元问题、先进与落后问题，也包括生态问题、公平问题、利益分配问题等。这些都是中国学者正在研究的问题，包括我带的研究生也在做城中村的研究。OAKES教授的研究是小尺度且非常典型的城市政治地理学研究范畴，谈的是环境和资源分配的问题。在城镇化的今天，中国应该如何解决这些问题，OAKES教授的研究是值得我们参考的。

最后一位就是来自于英国杜伦大学的Joe PAINTER教授。他的题目是“城市社会创新的微观政治”，提出了我们很少研究的理论观点，比如说长波理论和水滴理论。有个周期的变化我们可以了解，英国有这样的周期，中国也快速发展了30年，是不是正在从高峰走到低谷呢？这个报告对我们非常有启示。实际上，中国政府和学者已经关注到创新对中国经济发展的重要性，我们也一直鼓励创新，要从中国制造向中国创造转变。但是由于受到其他政治方面的影响，比如说意识形态，我们正努力营造的创新环境仍然做得不足，特别是很多大学教授都感知到这一点。我们跟国际前沿研究进行接触的时候要通过互联网，但是互联网的过度管理，会导致信息交接的滞后。因此，很多高校的学者提出来，是否能放宽高校的互联网管理。这不仅从权力的角度，还涉及意识形态对中国的不利影响，这个实施起来还是不容易的。

刚才PAINTER教授提到英国，包括美国的早期创新对其国际大国地位的建立有很大的促进作用。我们希望各位教授可以提供和分享一些关于城市微观政治在鼓励创新方面的研究成果，也希望可以给我们一些非常好的建议。同时我们也希望在座的青年学者可以投入到微观政治和社会创新的研究上来。我完全是通过间接的方式来获取各位教授讲解的内容，不知道理解是否正确，不知道点评是否到位。如果不尽如人意的话，请大家原谅，谢谢！

主持人 Alexander MURPHY：现在还有一点时间可以给一两个人进行简短的评述，有人想要进行评述吗？好的，那我们休息一下，之后就在这里继续进行会议的下半场。谢谢！

从国家间到多尺度的政治地理学：东亚视角的解读

Takashi YAMAZAKI

（Osaka City University）

主持人 James SIDAWAY：后半场还有两个嘉宾要进行汇报，其中一位是来自大阪市立大学的 Takashi YAMAZAKI 教授。他在政治地理学界是一位知名的教授，在中西方交流中已经是很熟悉的面孔，也是国际地理学联合会政治地理委员会的成员。之后还有一位嘉宾是来自阿姆斯特丹大学的 Virginie MAMADOUH 教授，她是《地缘政治》的主编，也是我以前在阿姆斯特丹大学任教时的同事。每个演讲的时间限制在 20 分钟之内，我们会有 5 分钟和 10 分钟的剩余时间提醒。对于第一个演讲，我们将有三位嘉宾进行评述，他们分别是 Alexander MURPHY 教授、周尚意教授和肖星教授。每位嘉宾的评述时间是 10 分钟。因为时间有限，所以希望各位的评述时间可以稍微缩短一点点。随后，我们会有展板的介绍，这个环节有很多发言，侯璐璐会给大家进行介绍。现在有请 Takashi YAMAZAKI 教授为我们分享他的论文。谢谢！

Takashi YAMAZAKI：正如 James 刚才介绍的，我是本次会议的共同主席。我们在两年前建立了这个共同主席的制度，目的就在于将政治地理学国际化。一方面我们是要推动政治地理学的研究和论文的发表，特别是在非洲国家，因此需要这种共同主席的制度。Virginie 主要负责欧洲地区，而我在日本工作，日本的论文发表情况并没有那么好，这和中国类似。首先我会谈谈日本政治地理学的发展，这一学科在“二战”后经历了几个阶段的发展，所以我的演讲可能和那些试图追求进一步发展的中国学者的演讲不同。

首先，我会阐述战后的东亚，特别是日本政治地理学的发展情况。在国际地理学联合会、美国地理学家协会、国际政治科学协会和转型边境地区所举办的会议上，东亚政治地理学者出席的人数相当少。然而，政治地理学在日本是一个重新崛起的学科。这篇论文试图阐述古典地缘政治在战前的牵连，以及复兴的政治地理在战后“缓慢”的发展进程；通过分析在日本发表文章的数据，针对东亚国家的政治地理和地缘政治的地位进行简单的对比，包括日本、中国和韩国。

日本政治地理学的年表由四种不同颜色的曲线构成(图 1)。①黄色代表的是 1889～2015 年发表的标题带有“政治地理”的书籍。这类研究成果每年的数量都较稳定,并没有明显的波峰。②红色代表的是 1889～2015 年发表的标题带有“地缘政治”的书籍。这类研究成果出现了独特的曲线波动,这主要是与当时日本的安全环境有关。战争时期,这类研究成果呈现“平步青云”的态势,地理学者参与到地缘政治知识的生产和传播,目的在于合法化和支持日本的殖民主义和战争行为,这也是 20 世纪 40 年代出现众多研究成果的原因。从 20 世纪 90 年代开始,这类研究成果呈现稳步增长的态势,这主要归因于周边国家的紧张关系。③蓝色代表的是 1889～2015 年发表的关键词为“地理”和“政治”的论文。战后关于政治地理的研究成果并不完全是受到遗留下来的古典地缘政治的影响。政治地理作为一门学科,并不像人们所通常理解的那样,它其实与古典地缘政治是不同的。不断有学者在进行政治地理的研究,因此从 90 年代开始,相关研究成果的数量在不断增长,但是为了避免将国家—民族作为研究单元,地方尺度的研究占了绝大多数。④绿色代表的是 1987～2006 年发表的关于政治的地理研究。

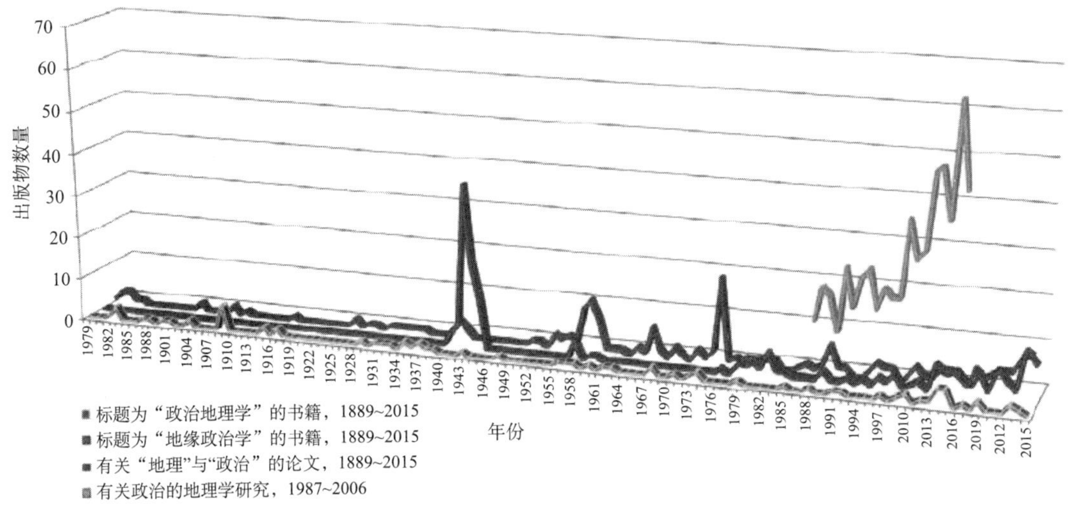

图 3 1889～2015 年政治地理学与地缘政治学出版物数量的变化

资料来源:Webcat Plust http://webcatplus.nii.ac.jp/(数据下载于 2016 年 7 月 9 日),CiNii Ariticles http://ci.nii.ac.jp/(数据下载于 2016 年 7 月 9 日),日本人文地理学会(2009)。

对日本的政治地理研究情况进行分析后,可以发现,日本学者在 20 世纪 50～60 年代的战后时期,仍然集中于国家尺度的研究。他们与战前的地缘政治保持着认识论上的联系,这是因为一些学者在战争时期是研究地缘政治的。90 年代之后的日本地理学者,再次对“政治”问题感兴趣了,并响应 70 年代出现的新的学术潮流,如后现代主义、后结构主义、后殖民主义、解构主义等。日本地理学者开始质疑理所当然的权力关系，包括阶级、性别、种族、民族和殖民等话题，他们更多的是进行地方，而不是国家中心的政治地理研究。以上概括的是日本地理研究中所出现的“政治转向”。下面谈谈日本政治地理学者所面临的挑战。

(1)在公共领域，古典地缘政治正在复兴并赢得名望。这背后存在两个问题：公众对于日本安全的关注；存在一种信念，即古典地缘政治能够阐明国家安全和外交政策中所隐含的地理因素。

(2)不过，这一趋势并不是源于地理学。很少有地理学者在他们的研究中探讨国家—民族尺度，甚至更大尺度的问题。但是有一些研究是探讨古典地缘政治所存在的问题，如环境决定论和“领域陷阱”。Agnew1994 年在《人文地理学进展》上发表过一篇文章，如果我们需要从事政治地理研究，我们就得看这篇文章。

(3)在分析单元上对国家—民族尺度，甚至更大研究尺度的回避，可能会影响对于“政治”的多尺度研究的恰当理解。对于大尺度问题的分析缺少合适的理论视角，导致边界和领域争端的研究悄无声息；日本地理学者对于探讨当代全球化时代的战争与和平问题，可能不再具有积极性，我希望他们不会如此，但是我自己也不知道。

中国的地缘政治研究在 90 年代晚期开始呈现上升趋势。在东亚政治地理中，韩国、中国和日本对地缘政治研究的情况各不相同，主要具有以下特点。

(1)日本学者对于古典地缘政治的研究越来越感兴趣，这反映了主观感知上的东亚地缘政治的不安全性。日本大众对于中国和韩国的认识越来越糟糕，出于近期的外交关系和领土争端。

(2)随着中国的发展，中国出版的书籍中，标题带有“地缘政治”的研究成果数量在 21 世纪开始逐步增加。这些书籍关注的是中国在国际社会中的地缘政治和地缘经济地位，而此时的中国被认为是正在通往寻找全球力量的道路上；与日本不同，中国的地理学者依旧对地缘政治感兴趣。

(3)古典地缘政治似乎在日本和中国以不同的方式复兴。但这一情况并没有发生在韩国。

中、日、韩三国在东亚政治地理中领土争端研究上主要有以下两个特点。

(1)从 90 年代开始，日本关于领土的书籍研究成果数量逐渐增多。其中许多研究成果是关于北部领土的，与俄罗斯的争端；近期的书籍更多是与韩国和中国的争端有关。

(2)中国和韩国书籍出版的情况似乎与日本的趋势相平行。国家中心的地缘政治与国家领土主权密不可分；紧张的领土争端可以促进古典地缘政治的复兴，而且可能促进地理学者对于这些事务的参与。

以下是我的结论。

(1)对于日本:地理学和古典地缘政治之间并没有保持更多的联系,尽管古典地缘政治在地理学之外处于复兴的状态。多尺度和批判性复兴的政治地理学在逐步发展。

(2)对于中国:地理学者现在也对古典地缘政治感兴趣,主要源于中国国际状况的不断重构;在缺少对于政治地理和地缘政治的历史进行批判性反思的情况下,中国地理学者如何处理地缘政治的突然崛起是一个有待观察的问题。

(3)对于韩国:地理学和古典地缘政治之间几乎不存在联系;地缘政治似乎并没有引起广泛的兴趣,但是关于领土的书籍数量却在上升;地理学可能习惯于合法化领土主张。

基于日本大众对于中国和韩国越来越糟糕的认识,以及三个国家研究成果发表的情况,我想提出两个问题。

(1)这三个国家的地理学者可以做些什么?

(2)在批判中复兴的政治地理学可以做些什么?

我认为有以下三件事可以做。

(1)再探索地理学与地缘政治在认识论和意识形态上的联系,比如当代背景下的环境决定论和"领域陷阱"。

(2)谨记过去以国家为中心的政治地理与地缘政治在促成冲突方面的极端形式。

(3)就"为了和平的政治地理学"这一主题,建立亚洲内部的学术论坛,以促进更好地理解和补救国家间的紧张关系和冲突。

最后做一个小宣传:2017 年的 4 月 25 日,国际地理学联合会将在拉巴斯举办一个以"为了和平"为主题的会议。组委会指出:地理学常常被指责致力于面向战争,然而,地理学也为建构和平做出了巨大贡献。这个主题会议将强调地理学对于建构和平所做出的不同贡献。欢迎大家前来参加。

早期(政治)地理的东西对话

Virginie MAMADOUH

(University of Amsterdam)

主持人 James SIDAWAY:我现在再次正式地介绍 Virginie MAMADOUH 教授,他将为我们带来一个有趣的演讲,关于早期政治地理学的东西方对话。同样,我们会在演讲时间还剩 5 分钟的时候提醒您。

Virginie MAMADOUH:今天我想带领大家回到历史上的欧洲,因为我想谈谈早期政治地理学的发展。这个标题非常宽泛,但实际上是一个简单并且主旨非常明确的问题。我将谈到早期政治地理学的东西方交流,以回答一个非常简单的问题:艾里塞·雷克吕是怎样描述中国的?那么你们会好奇为什么我会选择雷克吕。他是一位法国地理学家,在 19 世纪他以一部 19 卷的巨著《新环球地理学》而著称。这部著作也被翻译成许多不同的语言,我不知道有没有被译为中文。但他几乎被我们遗忘了,以至于大部分地理学或者政治地理学的典籍都忽略了他。在这部书的“中央之国”部分,他也特别提到了中国。我认为他采用的视角与西方政治地理学是不同的,这一点是非常有趣的。这部书的“中华帝国”一卷写于 1902 年,随后也被翻译为英文,它讲述了 19 世纪末和 20 世纪初欧洲与中国之间、西方与东方乃至远东之间的冲突与暴力,认为只有到人们不再互相残杀,充满正义和包容的和平场景才可能降临。这个时候我们需要以其应有的真诚、友善的态度去研究这个伟大的国家,这个国家的伟大人民拥有经久不衰的强大文明。上述内容我要强调的是雷克吕与当时西方政治地理学的观点存在多大差异,尤其是麦金德在《历史的地理枢纽》一书中对当时亚洲,尤其是日本、中国、俄国的变化的研究,它被理解为国家科学的一个分支。因此,当时的地理学主流都是民族主义的、帝国主义的,或者说为体国经野服务的,与这些地理学家不同,还有一些地理学家是世界主义者或者普遍主义者。我要简短介绍一下无政府主义与地理学的联系。无政府主义地理学者并不属于主流地理学界,但他们为整个学科带来了新的血液;接下来我会谈到作为最重要的寰宇主义者之一的雷克吕和他的研究成果,并重点关注他有关中国的研究成果。因此,这实际上并不是一个完整的对话,而仅仅是欧洲方面的陈述,为了了解过去发生了什么事情,我们也期待听到中国方面的一些故事。

19世纪末，地理学被制度化为现代的地理学科，它被用于解释现代领土国家的正当性。我也并不试图否认，地理与国家之间建立起了强大的话语，国家建构的、民族建构的、帝国主义的和欧洲的民族主义与地理息息相关。地理学也成为了城市、区域和经济规划的工具，以为国家或民族在竞争、资本主义扩张、殖民活动以及战争中的利益服务。但与此同时，也出现了可替代的另类地理学和可替代的另类地理学家。无政府主义的地理学家将无政府主义的批判和课题与各种各样的地理学结合在一起，主要涉及战争与和平、地方性和全球化等议题，艾里塞·雷克吕和彼得·克鲁珀特金是其中的两位重要人物。雷克吕来自法国，克鲁珀特金来自俄国，他们都有相当长时间的海外经历。他们不仅寻求现代领土国家的替代理论，也寻求马克思主义的替代理论，后者在19世纪一度是替代性理论。可以说，无政府主义与地理学及社会学之间是有非常密切的联系的。与之相对的是，马克思主义与历史学和经济学之间的关系。无政府主义偏好地理学，而马克思认为历史学更为重要。无政府主义与地理学有着同样的研究问题，采用同样的研究方法，都极力反对教条主义，它们都承认世界上人类体验的多样性，极力提倡自由，强调人的能动性和移动性并反对决定论。因此，地理学一直以来都是教育的工具，但另一方面它也是政府的工具。

在19世纪末，雷克吕不仅仅在法国，而且在整个欧洲都非常有名，因为他做出了相当大的社会贡献。但他一度被学科体系所遗忘，直到20世纪70年代，他的成果才被一些法国地理学者重新发掘，尤其以Lacoste为代表。在之前已经谈到，Lacoste作为一位法国地理学家，将政治地理学置于突出位置，并引领了政治地理学和地缘政治学在法国的复兴。他与Béatrice GIBLIN合作，在20世纪70年代末到80年代初共同撰写了一系列有关雷克吕的文章。我将试图利用这些文章真实地展现这种替代的地理学是怎样批判以维达尔·白兰士为代表的法国主流区域地理学的，以及是如何将政治重新放置在地理学中的。当时的主流地理学力图将一切政治议题排除于地理学之外，即便这是不可能的，正如昨天James SIDAWAY所讲。无论我们以何种方式看待，地理学中的一切事物都是政治的。

从那时开始，就有非常多的学者对雷克吕与地理学产生兴趣，我只列出了一小部分：法国的Philippe PELLETIER；来自加拿大的Simon SPRINGER，他刚刚出版了《地理学的无政府主义根源》一书。雷克吕本人就是一个非常有趣的人，有着非常丰富的生平经历，我没有足够的时间详细阐述，只是想强调他的经历对其寰宇主义立场的影响。他出生于法国一个新教徒家庭，因此我们可以认为他属于法国的宗教少数群体。随后他被送到德国柏林大学学习地理学，这里是19世纪欧洲少数几所开设地理学课程的大学之一。1851年法国政变之后，他再次离开法国，到了英国伦敦、爱尔兰，最后待在南美的哥伦比亚。1857年，雷克吕回到法国，在一家出版机构Hachette任职，撰写大众地理读物和旅游指南。由于在巴黎公社中的一系列活动，如煽动工人占领巴黎，他遭到拘留并被定罪，而不得不再次过上流亡的生活。他被放逐到瑞士长达 22 年，但他一直致力于地理学著作的出版。最终他回到巴黎，并成为地理协会主席。可以看到，雷克吕从一个新教主义者转变为无政府主义者，并成为“第一国际”的成员，写出了无政府主义的传世著作。他被尊为社会主义的、无政府主义的、共产主义的始祖，指引了通往革命胜利的道路，也被视为一位无政府主义教育家，即把推广教育视为实现社会变革的关键。

雷克吕的很多著作已经从法文翻译为多种语言。其中主要的几部，你们或许都听说过《河流的故事》和《山脉的故事》，它们都在全世界范围内被用作教科书或者文学素材。但他最有名的著作还是《新环球地理学》，这本书有多达 19 卷的篇幅，为了更加生动形象，这部书绘制了超过 4 000 张地图以及大量的绘图，为我们具体展现了当时世界地理的全貌。“环球”一方面具有“全球化世界中的地理学”的含义，另一方面更多地指代关于乃至关怀全人类的地理学，而不仅仅是服务于某一国国民的国家地理学，这一点被反复强调了多次。雷克吕的最后一部著作是在他临终前发表的《人类与地球》，这部著作在某种意义上也是一种突破，具体阐述了他称为“社会地理学”的观点。他并不属于他的时代，更像是一位特立独行的地理学思想家。他受到达尔文进化论的深刻影响，这在当时是一种非常新颖的观点，它不仅有关于物种之间的竞争，也强调物种的互助。他对性别平等、种族平等和全球化的议题也深感兴趣，强调将人类从殖民主义中解放出来。他也从事一些区域性的自然研究工作，不同于一些西方学家的观点，他进行国家、城市自然环境的研究，这与主流的自然地理学有非常大的不同。他认为社会发展的动力是辩证的，既有进步也有退步，但并不像 G. Vico 认为是周期循环的。

我认为他对于东亚地区、对于中国的影响也是非常大的。他去过很多地方但并没有造访过中国，他会很多语言但也不会中文。但得益于与研究中国和日本的专家的良好关系，他能够获得大量东亚的原始材料，从而熟知中国的情况。这些东亚研究专家也多是无政府主义者。他的家庭成员，其中一些同时作为无政府主义者，也参与到这些项目当中。他的兄弟、人类学家 Élie Reclus 对亚洲人有更深入的了解。接下来我将特别提到他的两个成果。首先是他发表于《当代评论》期刊上的一篇简短的英文文章《东方与西方》，他试图解释东方和西方概念的关系，他认为东西方是相对的概念，这取决于你所在的位置。他同时表明，由于东西半球之间缺乏交流，古老大陆上的东西方之间存在巨大鸿沟。他强调，东西方文明都是伟大的文明，在不同的阶段和领域都有各自的闪光点，就像 19 世纪的日本。他认为全球化带来了光明的前景，使我们可以相互交流、相互帮助、相互学习来克服东西方分歧，通过相互接触和融合实现人类的解放。这些都和一个世纪以前人们当时的主流观点大相径庭。这也体现在《中欧外交》和 1882 年发表的《新环球地理学》东亚卷中。这些内容在 20 年后雷克吕和他的兄弟 Onésime Reclus 在《新环球地理学》发表“中华帝国一卷”时得到更新。这本书也采用了大量的地图乃至彩色地图进行描述，并于1902年全面公开发行，这在当时是很少见的。

以上展现的是欧洲方面对东西方交流的思考。雷克吕研究成果中最为重要的一点在于，他将东西方文明放在一起对比，并认为两者是平等的。他同时对当时到中国旅行的西方人的刻板成见进行了无情的揭露和批判，这有些类似于如今的后结构主义研究。此外，他着重从内生动力出发，批判了当时西方对中国的殖民政策，并援引了大量实例，这些案例来自于社会调查，包括报纸杂志、中国城市工会组织以及太平天国与外国人的互动。他也谈到中国和欧洲的劳工剥削之间的联系，他们是以怎样不同的方式联合起来的。因此，这是对东西方关系一个非常与众不同的研究。我之前一直想探究的一个问题是，根据Brun & Ferretti在2014年的研究，他的兄弟Onésime RECLUS更正了他的很多研究成果，《新环球地理学》中华帝国一卷更是由Onésime RECLUS单独修订的。我想知道究竟是什么促成了他们的合作，是因为他们共同从事地理学工作，还是更多由于在政治立场上保持一致？我认为前者更为重要，因为Onésime RECLUS并不是一位无政府主义者，他是法国殖民活动的积极支持者，很多研究成果都是为促进殖民扩张而写作的。他甚至在若干年后发表的《让我们放弃亚洲，重视非洲》一书中充满了种族主义成见，企图使法国殖民政策正当化，并放弃对中国的控制转而实行对非洲的掠夺。那么他们的合作是怎样成为可能的呢？一个可能的解释就是，同他的兄弟一样，Onésime Reclus将地理学写作与政治分离开来，因此他们在地理学上的志向是相同的，但在政治观点上是有分歧的，一位支持无政府主义而另一位支持殖民主义。

现在可以将这一研究成果与当时其他所有西方地理学家对中国的研究进行比较，也可以将其与当时中国地理学家的研究成果进行比较，这一点超出了我的个人能力。此外，还可以将其与现在的地理学家的研究进行比较。我只是想强调这一研究方法的独到之处，这也是本次演讲的一个目的，那就是他进一步强调了西方政治地理学的多样性，改变了过去西方对政治地理学过于简化的印象。政治地理学不应被视为挑起战争的工具，而应当面向全球化和融合；它不是竞争和压迫的工具，而是为了和平与解放，实现人类的互助与团结；它不是狭隘的东方主义，而是东西方的相互理解和沟通；它不是决定论的，而是辩证的，需要考虑到各种进步和退步的，乃至不可预计的动力。感谢大家！

特 邀 评 议

主持人 James SIDAWAY：谢谢 Virginie MAMADOUH 教授，前面有一张桌子，三位评述嘉宾可以到前面来讨论，每位评述嘉宾有 10 分钟。希望每位嘉宾的评述时间可以稍微短于 10 分钟，因为我们有一点落后于原先的时间计划。这三位评述嘉宾分别是 Alexander MURPHY 教授、周尚意教授和肖星教授。这个环节结束之后，我们有半个小时的海报介绍环节，之后则是午餐时间。我们会依据评述环节的时间来决定问答环节的时间。

Alexander MURPHY：谢谢 James SIDAWAY 教授，我其实可以稍微缩短一下我的评述时间，这样也可以让其他学者有更多的机会互动。这其实是一个有趣的会议内容，因为这两个演讲实际上有不少交叉的观点，他们都在提醒我们整合概念和观点的历史所具有的基本重要性，他们不仅仅是简单地从过去的历史中组织一个故事，而是从中总结出我们该如何思考现在所做的事情的教训和经验。因为如果我们不鼓励自己去反思我们所用的概念和标签，是很容易掉入到原先的陷阱中的。而我们似乎有三种应对的方式，政治地理学，特别是地缘政治。第一种方式是根本不去考虑，第二种是禁止讨论，第三种其实是去包容它。这两篇文章其实是在呼吁第三种方式。第一种的方式，即忽视或者不考虑它，存在的极大危险是我们很可能重蹈覆辙，因为没有识别到铸造政治地理或地缘政治观点的特定方式，而引发人类冲突的后果。第二种方式是禁止讨论它，这种情况在“二战”后的德国维持了几十年，我大学毕业后就在德国学习了几年，是在德国萨尔州大学获得地理学研究生学位的。我记得和地理教授交谈过，关于开设政治地理学课程的问题，而我得到了一些很令我惊讶的回复，基本上这是不能接受的。因为即使这种目的在于远离历史中所发生的事情，这种远离方式只是禁止讨论它，而不是尝试去包容它，但这只是 20 多年前在战后德国的情况。

Takashi YAMAZAKI 教授也介绍了日本开始变化的情况，整合这些概念过程中所具有的价值，属于国家事件的一部分。因此，第三种方式是去包容过去所发生的事情，试图去理解它，并尝试将它用在有效之处。在我看来，这两篇文章似乎都强烈地暗示了实现第三种方式的可能性。在 Virginie MAMADOUH 教授的案例中，她给了我们很强的警醒，即使不了解她所提及的，在特定时间发生的事情，我们也可以意识到思考方式的多样性。Virginie 在推进这个研究过程中所遇到的挑战可能不仅仅是在于强调多样性，而是思考为什么有的人，如艾里塞·雷克吕会被如此边缘化，这是需要被重新发现的。在 Takashi 的案例中，我特别惊讶地理学者对地缘政治的利用，以及地缘政治在公众中的应用这两种之间的差异性，这是我们都需要考虑的一个非常有趣的案例。现在我们看到的一个非常令人恐慌的事情是，世界上很多地方出现了一种国际化处理方式的崛起。基于这种情况，地缘政治传统的方式可以对其进行强调。再一次需要说明的是，地理学者可以选择忽视它。在某种程度上，这种情况在日本还有其他地方也发生了，这都没什么大问题，但是我们很难处理传统的关注点，只要他们不是聚焦于地方尺度。但我想提出的建议是，可能我们确实应该这么做，但我们也应该鼓励一种思考的方式，即将其复杂化并置于一定的情境。如此，地缘政治的处方可能就并非地理学者所想到的，而可能是如我在一个期刊上发表的文章中写道，领土所具有持续的吸引力，在某种程度上这是一个时代的政体的问题，包括日本、中国、欧洲国家和对美国存在威胁的地方。因此我们认为，我们应该从这两篇论文中学习到的是，就是认识到领土所具有的持续的吸引力，严肃地、批判性地看待它，并思考我们作为政治地理学者，以及研究地缘政治的学生能做什么，来鼓励其他学者，甚者政府去关注其中的复杂性和情境。

周尚意：两位学者都有历史回看的共同特点，分别用文献和资料来说明政治地理学的发展，这是我非常感兴趣的。尤其是 Virginie MAMADOUH 教授，她分析了雷克吕的著作，谈到他对东方的认识，通常我们在看其他地方文化的时候，要看其稳定性的文化特征；同时，MAMADOUH 教授也发现，地方文化具有其他特征，比如能动性，我觉得这点是特别好的。但是在用过去的数据来说发展的时候，我觉得有一样东西是需要注意的，就是拿一个人的视角，尤其是运用在当时社会中被看作是异类的、非整体和非官方的观点时，需要其他的文献做一个互证。而不是这个人的观点就代表西方对东方的观点，要把西方所有的对东方的观点做对比，才能说明西方是如何看待东方的，反过来也一样。这就需要东西方的学者共同来做这个事情，才能够清楚东西方是如何看待对方的，这是资料方面需要注意的。

在最后一页的时候，我想问问 MAMADOUH 教授，发表出来的东西就叫 representation 呢？还是公认的共识的东西才是文化的 representation 呢？因为在今天，所有的人都可以通过不同的媒体发表自己的观点，比如发图、发照片等。当我们把所有的东西都搜集起来作为文化的 representation 的时候，那我们就不能把握文化是什么了。

另外 TAKASHI 教授讲到政治地理学的发展，用到以前书籍的发表来说明问题，我觉得还有一条线索可以帮助我们来分析过去，那就是数据的收集。日本对于中国的数据收集实际上做得特别好，在“二战”时或者“二战”前。日本有一个民间公司叫作满铁，在中国做了大量的数据收集，实际上这些资料也会对地缘政治的研究起重大的作用，这也许也是一条线索。谢谢！

肖星：首先我给山崎先生的论文作评价，他对战后东亚的政治地理作了宏观的展示，他的评价是很客观、很到位的。尤其对日本、韩国、中国的政治地理的研究水平和情况阐释得非常到位。我特别欣赏他的两个观点，第一，今后的东亚政治地理研究要避免极端的国家中心主义；第二，在过去地理学被认为是引起战争的学科，实际上它也可以带来和平，这两点我是非常赞同的。比方说，最近中国与东盟各国的高层会议设在了中国与俄罗斯交界的满洲里，中国的外长阐释原因说，这是为了让大家看到在边境地区也可以营造双赢的局面。

但是我觉得山崎先生的论文还有提升的空间。例如，关于中国、韩国和日本战后的政治地理离不开战后的地缘经济形势的变化。昨日我讲过一个观点就是地缘政治研究应该跟地缘经济研究糅合在一起。战后日本、韩国经济发展迅速，到后来中国经济快速崛起，使其实力的消长发生很大的变化，可见地缘政治与地缘经济有着不可分割的关系。山崎先生的论文如果提及这方面的话会更好。实事求是地讲，山崎先生说的实际上是东北亚地区，当然还少了蒙古和朝鲜，目前这个地区在全球的地缘政治形势来讲，我认为是不亚于中东的，不亚于欧洲巴尔干地区的。这样的情况下，我认为作为政治地理学者，除了山崎先生提到的，要避免极端的国家中心主义之外，还应该超越意识形态的束缚。从日本政治地理学者的任务来讲，我觉得要消除日本国民无谓的对安全的担心，中国、韩国对日本发动战争是不可能的事情，可能朝鲜是其中潜在的威胁。

此外，我曾经看过一本日本学者写的《第四次中东战争》，日本的政治地理学者对军事地理的研究还是非常到位的。这本书我读了几遍，里面很多的政治地理观点是日本学者的可取之处，也是值得我们中国政治地理学者学习和借鉴的，这是关于山崎先生的点评。

第二位就是 MAMADOUH 教授，她让我们眼界大开，她让我们了解 19 世纪的时候，一位另类的政治地理学者，也是无政府主义者，对中西方的比较研究，而且对中国的研究有独到的见解。可惜过去我们没有接触到他的著作，在此我觉得刘云刚教授可以承担起这个重任，组织把雷克里的著作翻译成中文，让中国的学者也看看 19 世纪的学者如何用独特的视角去看待东方。当然这位教授的报告还有一些不足，应该对雷克里著作的局限性作一个客观的评价，增加这部分就更加完美了。谢谢各位！

主持人 James SIDAWAY：谢谢三位评述嘉宾，最后一个环节是海报展示，有三位演讲者，分别是李红教授、何光强博士和张宏博士。现在请另一位主持人来主持这一环节，下午的会议将在两点开始，谢谢大家！

海报展示:边境新型城镇化:广西的案例

主持人侯璐璐:现在是海报时间,第一届国际政治地理学前沿论坛在中国举办,此次会议得到了众多国内外学者的响应,我们设置了口头展示和海报展示两种形式,以更好地促进交流。今天我们请到三位嘉宾对他们的论文进行海报展示,如果大家对他们的话题感兴趣的话,下午可以进行进一步的交流。第一位嘉宾是来自广西大学的李红教授,如今中国政府越来越重视新型城镇化,而边境地区的城市化具有何种特征呢?现在有请李红教授进行海报展示,他的题目为"边境新型城镇化:广西的案例"。

李红:谢谢会议给我提供这样的机会。我用5分钟来介绍一下我做中越边境研究进展的背景和动机。在过去二三十年间,中国大陆陆续有关于西南边境研究的案例,例如云南,而我则从广西的中越边境来谈谈研究的关键。

中越边境经历了从20世纪80年代的冲突到90年代的关系正常化,再到2000年的自由贸易或者叫"两廊一圈"时期,经历了区域一体化的经济发展进程,包括到后面的泛北部湾合作,这是中越边境政治发展的一条主要线索。在以邻为壑的背景下,我们的研究陆续在资金的资助下开展,因为部分问题比较敏感,我们主要从民族文化的角度进行研究。2003年开始得到国家社科基金关于西南边疆研究的资助,当然也有亚洲开发银行的资助。

早期的研究是从历史学的角度,到现在我们开始从经济学、地理学等方面进行研究,很多都是跨学科研究的。我想说明的是边境具有空间相关性,特别是反映在经济上的关联。之前一位美国的教授也提出,边境开发其实是逆向的工业化,不像大陆的工业化是不断加速的,边境开发促进了商贸的扩大,同时造成了第二产业的缩小,其基本业态是农业和商业。我还想说明的是地理学的两个效应,过去我们一直说边境的屏蔽效应,现在可能更多的是边境的中介效应。

这是这篇文章的主要说明。谢谢!

海报展示:中国北极“新”关系:基于世界地图的表达与分析

主持人侯璐璐:谢谢李红教授的海报展示,下一位嘉宾是来自华中师范大学的何光强博士,他展示的论文题目为“中国北极‘新’关系:基于世界地图的表达与分析”。

何光强:大家上午好!首先感谢中山大学和国际地理联合会政治地理委员会给予我这次展示论文的机会。我是来自华中师范大学政治学研究院的博士研究生何光强。我本次报告的题目是“中国北极‘新’关系:基于世界地图的表达与分析”,我将侧重于五个方面进行报告。

前两个方面分别是分析框架,以及当今关于北极关系研究的重要方向。地图不仅在中观和微观尺度的空间分析上扮演了独特的角色,它也为北极地缘政治的宏观尺度分析提供了新的视角。作为地图的基础和框架,地图投影在变形后通过空间影像的识别,成为了全球地缘政治分析的空间表达。第三个方面是关于中国北极“新”关系,全球变暖对塑造北极的地缘政治产生了深远的影响,使其呈现扩张、破碎和组合的多样化特征。在这一背景下,中国北极“新”关系遭遇到了新的挑战,具有了更丰富的内涵。根据国际关系的建构主义理论,不同的关系反映的是丰富的认同意义。基于以上的讨论,我从地缘政治的角度,关注中国北极“新”关系的地图表达。我选择了几张具有代表性的世界地图,从空间维度对中国北极“新”关系进行表达与分析,由此形成了不同的空间整合,以及对于中国的多样化认同。考虑到这一点,通过分析中国与北极之间关系的动态性,我们可以选择和合成合适的地图投影。这种地图话语可以促进关系和认同的重构,并加强国内外对于有益的中国北极“新”关系的理解和重组,最终为中国创造性地参与北极相关事务提供支持。地图呈现的并不仅仅是地理上的线,它更是地图话语的容器,海报上有展现几种冲突关系。

谢谢各位,欢迎大家批评指正!

海报展示:全球大国能源地缘环境建模分析
——基于油气运输通道研究

主持人侯璐璐:谢谢何光强的展示!下一位嘉宾是来自解放军信息工程大学的张宏博士,她展示的题目为“全球大国能源地缘环境建模分析——基于油气运输通道研究”。

张宏:我今天汇报的题目是“全球大国能源地缘环境建模分析——基于油气运输通道研究”。今天通过四个方面进行汇报,第一是研究背景,第二是研究内容,第三是研究目标,第四是建模分析。

第一部分是研究背景:一是能源在世界地缘政治中的重要性,二是世界能源格局发生大变革,三是中国油气能源对外依存度大,四是“咽喉要道”和“过境国”在全球能源运输中特殊的地缘政治意义。下面有两个具体案例进行解释。案例一是马六甲海峡对我国能源海运通道的影响;案例二是“乌俄斗气”对俄罗斯向欧洲出口天然气的影响。

第二部分是研究内容,将全球能源地缘环境分为三个部分,分别是地缘体能源地缘结构、地缘体间能源地缘关系和地缘体形成的全球能源地缘格局。具体的实施方案是:论文基于 Arcgis Engine 进行二次开发,对选取的九个地缘体油气进口通道进行分析,构建能源地缘结构模型。其中通道用线状数据表示,“咽喉要道”“过境国”用点状数据表示,通道运输能力以属性数据格式存储在数据库里。利用社会网络分析方法对九个地缘体国家能源进口贸易网络进行研究,最终形成全球能源地缘环境评价系统。

可实现的目标是:一是可视化显示九个地缘体油气进口贸易通道、通道的重要性等级及“咽喉要道”“过境国”对油气进口的影响权重。直观表达地缘体的能源地缘结构。二是动态分析地缘体的常规油气进口通道中一个或多个“咽喉要道”“过境国”的地缘政治环境发生变化的情况下,该地缘体能源进口通道的备选方案,为保障我国能源进口的安全提供决策的支持。三是通过网络模型有效表达全球能源贸易主要地缘体间的能源地缘环境,定量分析出地缘体间能源地缘关系、九个地缘体能源对外依存程度和全球能源地缘格局。

第四部分是建模分析,首先选取美国、中国、俄罗斯、英国、法国、德国、日本、印度八个国家和中国台湾地区作为地缘体代表，仅考虑九个地缘体油气进口情况。通过社会网络分析方法，构建全球地缘体间的能源贸易网络。这个是 2003 年到 2015 年关于全球天然气主要贸易往来国的统计资料。其次探讨九个地缘体的油气进口通道，并对每个通道油气运输能力、通道途径的“咽喉要道”“过境国”进行具体分析，形成能源地缘结构模型。下面是对具体的建模结构方法进行分析，最后用一个流程图表示地缘结构模型。最后是结合地缘体能源地缘结构模型和全球能源贸易网络模型，构建全球能源地缘环境模型。应用 ArcGIS 建立地理数据库，对数据进行采集、存储、分析与可视化表达，最终形成全球能源地缘环境评价系统。

汇报完毕，谢谢！

主持人侯璐璐：谢谢三位嘉宾的海报展示！如果您对他们的话题感兴趣的话，下午可以到中大学人馆会议室外参观他们的海报展示。现在我们花几分钟时间介绍下午在中大学人馆的三场主题论坛。

第一个会场的主题是“政治地理/地缘政治新前沿”，关键词有权力空间、地缘政治想象、边界土地管制、官僚政治地理、中国全球运输网络等，相关研究区域有琉球群岛、巴西、卡加延河谷。

第二个会场的主题是“聚焦亚洲：边境/边界研究新进展”，关键词有开放边界、地理边界理论、边界景观、渔业、流动性、移民政体等，相关研究区域有日本、石垣岛、泰国北部地区、南美洲、广州。

第三个会场的主题是“城市空间、领域与管治”，关键词有尺度政治、移民、地方政府、尺度重构、生态城市、平行外交、失业、领域、网络与尺度等，相关研究区域有香港、俄罗斯北极地区。

三个会场将同时进行，会场外也有海报展示，您可以根据自己感兴趣的话题前往相应会场。上午的会议到此结束，谢谢大家！

第三部分

政治地理/地缘政治新前沿

主 持 人：骆华松　云南师范大学

Virginie MAMADOUH　University of Amsterdam

主题发言：杜德斌　华东师范大学

袁家冬　东北师范大学

肖　星　广州大学

胡志丁　云南师范大学

Merje KUUS　The University of British Columbia

HUANG Linyan　Laval University

宋　涛　中国科学院地理科学与资源研究所

De Leon Petta Gomes da COSTA　University of São Paulo

Borislav NIKOLTCHEV　University of Oklahoma

AN Ning　University of Glasgow

中国崛起与经济权力空间的拓展

杜 德 斌

（华东师范大学）

主持人骆华松：今天下午上半场报告，首先邀请到的是杜德斌教授，他是中国地理学会世界地理专业委员会主任、教育部战略基地的主任。近年来，他致力于中国地缘环境与战略的研究，对于中国地缘战略的见解与认识在国内产生了广泛的影响。今天他的报告题目是“中国崛起与经济权力空间的拓展”。我们以热烈的掌声欢迎杜德斌教授。

杜德斌：谢谢大家，大家下午好！我的题目是“中国崛起与经济权力空间的拓展——基于国家间相互依赖的敏感性与脆弱性分析”。从地理学的角度来看一下中国崛起的一些空间表现。

首先回顾一下中国崛起的几个标志性事件。2009 年，中国取代德国成为世界最大的出口国；2010 年，中国取代日本成为世界第二大经济体；2013 年，中国超越美国成为全球最大贸易国；2014 年，中国按 PPP 核算，GDP 超过美国。还有一个很重要的事件，2011 年中国超越美国成为全球最多国家最大贸易伙伴。2006 年美国还是世界上 127 个国家和地区的主要贸易伙伴，而中国只是 70 个国家和地区的主要贸易伙伴。到了 2011 年，中美两国位置几乎互换，中国已经成为 124 个国家和地区的主要贸易伙伴，而美国则是 76 个国家和地区的主要贸易伙伴。这个时间又过去了好几年，情况发生了变化。这个变化必然在世界范围内引起很大变化，而其影响现在还很难估计。

什么是大国崛起？中国崛起讲得比较多，究竟是什么崛起，大国才能称之为崛起。大国崛起既是一种状态，也是一个过程。从状态看，崛起是指一个大国的综合国力发展到足以对现行国际体系构成压力或挑战的水平。从过程看，具备这种能力仅仅是崛起征途的开始，实现对原有霸权的替代才是崛起完成的标志。因此，大国崛起在宏观上就是国际权力中心转移的过程。中国现在实际上是处于崛而未起，正在崛起的过程中，还没有真正崛起。

我的问题是，中国在快速崛起的过程中，权力空间有没有发生变化？它是如何变化的？其次，作为当今的守成大国，美国的权力空间有没有发生变化？中美两国的权力空间究竟怎么变化？

作这样一个分析，涉及两个关键指标，一个是权力，一个是权力空间的界定。

怎么样界定权力，国际上地理学没有这方面的理论，但是国家管理这方面的理论很多。一个著名理论——相互依赖理论，权力是国际关系领域现实主义学派的核心概念，反映了行为体之间政治经济等方面相互作用、相互影响的不对称性。经典现实主义大师摩根索把权力定义为“权力行使者和权力行使对象之间的心理关系，前者通过影响后者的意志而对其某些行动有支配力量”。

随着全球贸易和投资的发展，国家间相互依赖已成为当代国际社会的一个基本特征。在西方，以罗伯特·基欧汉和约瑟夫·奈为代表的新自由主义认为，由于全球相互依赖、经济技术合作正在占据国家关系的主导地位，国际关系趋于缓和。据此，基欧汉和奈提出了复合相互依赖的概念，把国家间的相互依赖关系分为三种类型：均等依赖、绝对依赖和不对称依赖。他们认为，不对称性依赖是一种常态，依赖性较小的行为体常常将相互依赖作为一种权力的来源，在某一问题上讨价还价甚至借之影响其他问题。因此，权力存在于不对称的相互依赖关系之中。

基欧汉和奈认为，不对称性相互依赖会产生两种类型的依赖关系：敏感性相互依赖和脆弱性相互依赖。敏感性是指某种政策框架内做出反应的程度，即一国政策变化导致另一国家发生有代价变化的速度有多快，所付出的代价有多大？脆弱性是指弱势行为体，因外部事件强加的代价而受损失的程度，就是本国为应对外部变化而做出自身调整所付出的成本。

我们如何去测度权力？基于这样的认识，在全球化时代，由于国家之间的相互影响和相互作用主要是通过贸易和投资来实现的，因此可以用国家间贸易或投资上敏感性和脆弱性的不对称性来衡量一国的权力，特别是经济权力。本文采用2002年和2013年中国与世界各国的贸易和GDP数据，来分析世界各国与中国之间相互依赖的敏感性和脆弱性，并根据这两个指标的大小和变动情况来划分中国经济权力空间的潜力范围，并将比较分析中美之间的经济权力空间的长消趋势。

我们所用的模式，一个是敏感性测度，用来测定一个国家与另外一个国家之间的贸易量。还有一个是脆弱性测度，分别测定两个国家的国内生产总值和贸易额。通过把脆弱性和敏感性进行加权，得出权力拓展指数。

中国全球贸易的时空演化格局。

根据2002年中国与世界其他国家和地区贸易额统计数据，中国对外贸易格局已经由三足鼎立向多格多元格局演变。根据2013年中国与世界其他国家和地区贸易额，这是一个绝对的贸易量。可以看出中国与其他国家的贸易量增加是很大的。

根据2002年世界其他国家和地区与中国贸易额占其贸易额比重，我们看到，2002非洲国家贝宁最高，是37%，苏丹是35%。2013年的情况发生了很大，贝宁与中国的贸易额已经占到他对外贸易额的97%，多哥是81%，吉尔吉斯斯坦是67%，蒙古是61%，老挝是52%，刚果(布)是52%，还有几个国家是40%以上。我们可以看到，世界发生了很大变化。从空间分布来看，与中国贸易额发生较大的国家，一个是中国周边，一个是赤道附近的地区，非洲、加勒比海地区。

根据2002年世界其他国家和地区与中国贸易额占其GDP比重的数据，多米尼克达到32%。2013年发生了很大的变化，其中吉尔吉斯斯坦与中国的贸易占到其GDP的70%，多哥是59%，蒙古是48%，所罗门群岛是42%。

中国权力空间的全球拓展格局及与美国的对比。

根据2002年世界其他国家和地区对中国敏感性格局的数据。根据前面公式计算，分成五个敏感区：负向高度敏感区，负向低度敏感区，对称相互敏感区，正向低度敏感区，正向高度敏感区。2013年就只剩下对称相互敏感区、正向低度敏感区、正向高度敏感区。

脆弱性空间格局与敏感性格局基本上差不多，这是2002年世界其他国家和地区对中国脆弱性空间格局，分成五个脆弱区：负向高度脆弱区、负向低度脆弱区、对称相互脆弱区、正向低度脆弱区、正向高度脆弱区。2013年没有负向高度脆弱区，除美国以外，美国对中国是负向低度脆弱区，其他周边国家和非洲一些国家对于中国是正向高度脆弱区。

2002年中国经济权力空间格局可分成四个区：无权力区、权力低能区、权力中能区、权力高能区。在2002年的时候，中国所拥有的权力高能区是相对很少的。2013年，情况发生了很大变化，中国无权力区只剩下美国，而中国周边一些国家、非洲一些国家、大洋洲一些国家都成为中国的权力高能区。

接下来看一下经济权力的时空变化，2002～2013年中国经济权力空间演变格局，一个是能力上升区，一个是能力下降区。中国在全球只有非洲一个国家是属于能力下降区，几乎所有国家都在能力上升区，包括美国。

关于2002年美国经济权力空间格局，当时美国对于中国是处于权力高能区。这是2013年美国经济权力空间格局，美国权力高能区大大减少，只剩下周边、南美洲和非洲少量国家。看一下经济权力的时空变化，美国权力空间能力下降区范围很大，只有少量国家属于上升区。

根据我们的界定可以看到中美两个国家权力，经济权力空间变化非常明显，中国在迅速增加，美国在迅速收缩。

贸易是经济全球化时代国家间相互施加影响的主要途径。一个国家可以以贸易为工具，利用相互依赖的非对称性，来影响其他国家的决策，从而实现自己的战略目标。换言之，非对称相互依赖是权力的重要来源。

本文采用中国与世界各国的时序贸易数据，研究了2002～2013年中国崛起下的经济权力空间范围变化情况，并对比分析了同时期美国经济权力空间的全球收缩态势。研究结果显示：中国经济权力空间已由周边扩展至全球，并向发达国家和地区渗透，而同时期美国经济权力空间却呈现明显的收缩趋势。

目前，非洲和拉美是中美两国经济权力相对平衡的地区，存在着一些对中美两强均相对敏感或脆弱的国家。因此，这些国家势必成为未来中美两国争夺的主要目标，即非洲和拉美是未来中美地缘经济博弈的主要场所。

本文基于国家间相互依存理论以国际贸易量来衡量国家经济权力，一定程度上放大了商品国际化在国家经济权力中的作用。中国经济权力的提升和经济权力空间的扩大还有待于在国际投资、国际流通等领域能力的提升，尤其是人民币国际化程度的提高。

谢谢大家，这是我的报告！

琉球群岛北部疆界的历史地理学考证

袁 家 冬

（东北师范大学）

主持人骆华松：各位专家，对杜德斌教授的报告，各位有什么问题需要跟杜德斌教授进行交流，还有5分钟的时间！

杜德斌教授提出权力空间的新概念，通过模型计算经济权力空间在全球的变化，作了一个实证分析。应该说从某一个层面上，从贸易、经济侧面反映经济权力空间的一个此消彼长。最后跟美国作了一个比较分析，应该说反映出未来一段时间的变化趋势，是非常有意义的报告。再次以热烈的掌声感谢杜德斌教授给我们带来精彩的报告！

第二位专家王铮教授因为有其他的事情没有能够到会，我们的时间稍微宽裕一点点，下面每个报告的时间控制是20分钟讲报告，5分钟的时间与大家进行交流。

下面有请下一位报告人袁家冬教授。袁家冬教授来自东北师范大学，近期主要从事琉球群岛地缘关系的研究，这是一项微观层面非常有意义的研究。他的研究已经有很多的成果，其中2013年在《中国社会科学》上发表过相应的文章。今天他的报告也是关于琉球群岛地缘关系，我们有请袁家冬教授。

袁家冬：各位教授，各位专家，同学们，下午好！我汇报的题目是"琉球群岛北部疆界的历史地理学考证"。汇报的内容比较敏感，特别是日本专家在场的时候，我尽量用平和、中性的语言阐述出来，希望各位专家不要感到有所冒犯。

琉球群岛是一个政治范畴，所以要解释这个问题，我还借鉴了历史地理学研究方法。这是非常小的空间范围，涉及小区域的边界范围。下面进入正题。

首先让我们对琉球群岛整体的空间概念和地理特征有一个基本了解。琉球群岛是分布在中国台湾岛东北至日本九州岛西南的弧状群岛。地理位置：北纬24度2分45秒至30度0分27秒，东经122度56分1秒至131度19分56秒，由五个岛群构成。在地理分布上由北向南分别是吐噶喇列岛、奄美诸岛、包括庆良间诸岛的冲绳诸岛、大东诸岛和包括宫古列岛和八重山列岛的先岛诸岛。陆地总面积3611.08平方公里。

琉球群岛东侧是琉球海沟和太平洋，西侧是冲绳海槽和东海。在地质构造上，琉球群岛位于琉球海脊之上，西侧的冲绳海槽，沿日本九州岛西南一直延伸至我国台湾岛东北，长约1 000公里，宽约100公里，最大深度约2 717米。冲绳海槽是东海大陆架与琉球群岛之间的一个特殊地理单元，其地质学及地理学特征鲜明，构成了东海大陆架自然延伸的界限。我国钓鱼岛分布在东海大陆架边缘。琉球群岛的岛屿类型分为大陆岛、火山岛和珊瑚岛。气候类型以亚热带季风气候为主。但是，受海洋性气候的影响，从平均气温和降水来看，局部地区表现出热带雨林气候的特征。由于时间的关系，这里不对这些岛屿的形成机理、地形特点和气候特征作更为详细的解释。

琉球群岛北部疆域的空间概念比较混乱，如大隅诸岛、吐噶喇列岛、“十岛”“上三岛”“下七岛”“七岛”等，概念的混乱导致它的隶属关系模糊不清，我们需要理顺一下。虽然今天它都属于日本，但是它是日本的固有领土还是琉球王国的属岛？我们认为大隅诸岛和吐噶喇列岛之间的吐噶喇海峡是日本与古代琉球王国的分界线。吐噶喇海峡以北的岛屿属于日本，而吐噶喇海峡以南的岛屿属于琉球。

琉球群岛北部疆域的自然地理学特征。它位于北纬29度至30度，属于亚热带季风气候，是火山岛、珊瑚礁，日本朋友看琉球群岛就像我们看海南岛一样，一派南国风光。同纬度的地区岛屿没有多大的区别，最大的区别在人文地理学特征，琉球文化圈和大和文化圈交汇，岛群很小，日本占领琉球之前，有来自中国的习惯。例如，御願是一个祭拜土地公的民俗；永良部的地名；三味线来自于福建的蛇皮三弦；琉球民谣；琉球城堡的遗址不是很大，因为毕竟岛屿很小，这个建筑很奇怪，建筑是政治和文化的符号，反映了血脉关系，这个跟中国、跟日本城都不一样，我们知道日本的大阪、东京都是另外一种建筑，而冲绳这个建筑用的材料非常特别，用的是琉球石灰岩，透水性非常好，和喀斯特地貌有很大相近性，这是琉球群岛所特有的一种建筑；还有就是和福建地区非常接近的圆形簸箕、木铲等。一般生产工具用铁比较多，但是琉球群岛的铁产量非常少，老百姓使用铁器的时候必须得到琉球官府的认同，所以老百姓种植甘蔗、红薯的时候大多使用木铲，这和周边地区是不一样的。

吐噶喇列岛的这些地域特征都表现出与琉球文化圈其他地区的相似性以及与日本大和文化圈的明显差异，吐噶喇列岛与琉球群岛其他地区存在着一种血脉关系。日本民俗学者下野敏见指出：“位于人和文化圈和琉球文化圈的交汇处吐噶喇列岛，历史上，深受琉球文化的影响，17世纪初萨摩藩征服琉球王国后，随着日本文化的渗透，吐噶喇列岛逐渐被日本同化。但是，客观地说吐噶喇列岛文化的表层来自日本，但是，根基则来自于琉球。”这是下野敏见发表在《列岛民俗志》一段阐述。

第三个问题讨论北部疆域的问题，从历史文献角度来分析。关于文献记载，有日本古代文献，有中国古代文献，还有周边一些国家的古代文献。

日本古代文献中，吐噶喇海峡附近的岛屿统称“十岛”，包括被称作“上三岛”的吐噶喇海峡以北的大隅诸岛的竹岛、黑岛、硫磺岛三个岛屿和被称作“下七岛”的吐噶喇海峡以南的吐噶喇列岛。

据《续日本纪》的记载，大宝二年即702年8月，设置多祢国，领域范围相当于今天包括种子岛、屋久岛在内大隅诸岛。天长元年即824年10月，多祢国被废除，全部领域被并入大隅国。

在日本古代律令制国家时代，“上三岛”属于多祢国。而关于“下七岛”的隶属关系的记述模糊不清。但是，在后来的一些日本文献却可查到吐噶喇列岛属于琉球王国的记载。

在记录萨摩藩统治者岛津家族世谱的《岛津家列朝制度》中有一封1608年岛津家久写给琉球国王尚宁的信。其中，有这样一句话：“吾が藩の属島川辺郡七島も往古は大島の属島に て、貨物を我が国に交易するところならんか。”从这句话中可以看出，岛津家久虽然承认七岛即吐噶喇列岛自古以来就是奄美大岛的附属岛屿，与萨摩藩有贸易交流，但却毫无掩饰地主张此时的七岛属于萨摩藩川边郡。这一主张缺乏历史证据。这是来自尾竹俊亮的一本书《幻の琉球——トカラ列岛》。

在1609年，萨摩藩入侵琉球王国时途经吐噶喇列岛。“七岛帮”因不堪琉球王府沉重的税赋，动员250名青壮年男子参军，担任萨摩军的向导，并立下战功，受到嘉奖。

在白野夏云的《七岛问答》中也有关于平岛的日高嘉左卫门因引导萨摩军进攻琉球有功，受到嘉奖，封官赐地的记载。“日高嘉左衛門ナルモノアリ。慶長十四年、島津中納言家久ノ臣、樺山権左衛門命ヲ受ケテ、琉球ヲ討伐スルニ当リ、之カ先導ヲ成シテ功アリ。因テ永ク平島郡司ニ任シ、采地ヲ川辺郡知覧ニ賜フ。”这些日文文献也从另一个侧面证明了在萨摩藩入侵琉球前，“七岛帮”需要向琉球王国纳税。琉球王国通过税赋对吐噶喇列岛实施着有效管理，当时琉球群岛不在日本的管辖之下。

中国古代文献也有记载，根据古代琉球王国国官修史书《中山世谱》的记载：“咸淳二年丙寅，大岛等处皆始来朝入贡。……东北诸岛入贡之后，王命辅臣建公馆於泊村。令置官吏，治诸岛之事。”

“万历三十七年己酉，萨州太守家久公遣师征伐。小大难敌，投诚而降。王从彼师到于萨州。……万历三十九年辛亥，家久公出赐琉球一纸目录。此时，鬼界、大岛、德岛、永良部、与论始属萨州。”

这段话讲的是南宋咸淳二年即公元1266年，琉球群岛处在英祖王朝时期，奄美大岛等东北诸岛开始向琉球王府纳贡，成为琉球王国的附属岛屿。当时作为奄美大岛附属岛屿的吐噶喇列岛自然而然地被纳入琉球王国的版图。万历三十七年即公元1609年，萨摩藩征服琉球后，琉球群岛北部岛屿被日本占领。

中国古代文献对于琉球群岛北部疆域隶属关系变迁的记载更为翔实。嘉靖十三年即公元1534年，陈侃《使琉球录》："北有硫黄山、热壁山、灰堆山、移山、七岛山。"

万历三十四年即公元1606年，夏子阳《使琉球录》："北则有叶壁山，状如丫髻；复有土里臣马山，即产硫磺处也；过则七岛，半属日本矣。"

康熙六十年即公元1721年，徐葆光《中山传信录》："琉球属岛三十六，水程南北三千里，东西六百里，远近环环列。……此外，即为土噶喇，亦作度加喇，七岛矣。……以非琉球属岛，故不载。"有一个所有权变更，20世纪30年代属于琉球，后面属于日本。这些文献中的"七岛山""七岛""土噶喇""度加喇"指的都是今天的吐噶喇列岛。

朝鲜古代文献，在《李朝实录》《海东诸国纪》等朝鲜古代文献中也能查到当时的朝鲜人把吐噶喇列岛看成琉球王国的领土的记载。当时朝鲜人认为吐噶喇列岛属于琉球王国。

1879年日本吞并琉球王国，清政府曾经与日本就琉球群岛的归属问题进行多次交涉，但没有结果，琉球问题被搁置下来。1894年清国在甲午战争中战败，失去了琉球问题的话语权。琉球群岛渐渐被世人遗忘。日本对于琉球群岛的吞并似乎变得理所当然。但是，第二次世界大战结束后，同盟国在讨论对日战后处理问题时又重新提出了琉球问题。

首先，1945年7月26日发表的《波茨坦公告》第八条，将日本的领土主权范围限定在本州、北海道、九州、四国以及邻近小岛之内。冲绳战役结束后，盟军最高司令部宣布对琉球群岛实施军管。日本在琉球群岛的统治权被剥夺。

盟军划定的军管区范围内包括了吐噶喇列岛。但是，却将中国的钓鱼岛划入军管区范围之内，犯了一个严重的错误。当时的国民政府对此没有提出交涉。如果当时进行抗议可能就不是这样，今天不讨论钓鱼岛的事情。

1946年1月29日，盟军最高司令部发布第677号训令。其中第三条b项明文规定，将北纬30度以南的琉球群岛排除在日本的领土范围之外。

20世纪50年代以后，东西方冷战对抗加剧，美国出于遏制中俄的地缘政治战略需要，开始扶植日本对抗中俄，积极操纵国际社会对日媾和。1951年9月8日签署了美日《旧金山和约》。1951年12月5日，盟军最高司令部发布第677—1号训令，对SCAPIN 677号训令中的日本领土主权范围作出了相应修正。将SCAPIN 677号训令中排除在日本领土范围之外的北纬30度至北纬29度之间的吐噶喇列岛重新划入日本的领土主权范围。1952年2月10日，美国将吐噶喇列岛的统治权正式"归还"给日本。1953年12月24日，美国又与日本签订了《关于奄美诸岛的日美协定》，并于1953年12月25日，将奄美诸岛的统治权正式"归还"给日本。变相承认了日本从琉球王国窃取的这些岛屿的主权。

美国基于对古代琉球王国北部疆界的认知，根据《波茨坦公告》的精神，通过具体实施文件的盟军最高司令部第677号训令，将吐噶喇列岛以南的琉球群岛排除在日本固有领土之外。这是一个无可争辩的历史事实。盟军最高司令部第677号训令对日本领土主权范围的规定是客观公正的。但是,美国将中国的钓鱼岛及其附属岛屿划入其军管区范围之中是一个严重的错误。虽然后来美国根据冷战时期的战略需要,通过《旧金山和约》和盟军最高司令部第677—1号训令,将吐噶喇列岛“归还”给日本,但是琉球群岛地理单元的完整性是不会改变的。

谢谢大家的倾听!

“一带一路”倡议背景下中国陆地边界管控的理念创新

肖　星

（广州大学）

主持人骆华松：袁家冬教授纯粹做了一个历史地理的研究，从大量的不同国家的史料上梳理出相应的证据材料，说明整个研究对象——琉球北部疆域的变化，从研究方法来讲是值得借鉴的。因为袁教授把讨论的时间占用了，下面有请第三位报告人，来自广州大学的肖星教授，肖星教授是在中国国内较早从事政治地理研究的专家，在他的文章中也提到，他在20世纪80年代的时候，就已在《人文地理学词典》中撰写过政治地理的词条，下面有请肖星教授给我们做今天的报告。

肖星：各位同人下午好，非常高兴有机会跟大家一起交流有关政治地理学的见解。我今天的报告题目是：“一带一路”倡议背景下中国陆地边界管控的理念创新。

我的报告主要分为四个部分：第一是引言，实际上介绍关于政治地理的一个背景；第二是中国与若干邻国陆地边界管控现状及边境景观比较；第三是新时期中国陆地边界管控的职能解析；最后一部分是创建跨境国际旅游特区——我认为是中国顺利实施“一带一路”倡议并争取邻国积极响应的一种陆地边界管控理念创新。

我昨天已经说了，在中国地理学界，本人算是较早投身政治地理研究和教学的一名老兵，分别在1986年参编宋家泰、金其铭先生主编的《人文地理学词典》并撰写其中“政治地理”“军事地理”全部词条，以及1987年3月起在西北师范大学率先开设《政治地理学》选修课。

1992年我在《人文地理》上曾发表的论文《海洋在中国地缘政治中的作用》，文中24年前所提基本观点至今仍未过时，1993年发表在《甘肃社会科学》的《略论政治地理学的研究对象、内容与任务》、1995年鲍觉民先生生前亲自作序的《政治地理学概论》，以及在2001年人民教育出版社出版，由王恩涌先生推荐，与研究生张林合撰的《世界政治多极化与地缘政治》，堪称本人在政治地理研究领域的标志性成果。

虽然在1995年后本人已主要转向旅游开发规划与管理研究，但仍一直对边界领土、海洋维权、地缘政治、行政区划演变与改革等政治地理问题保持着浓厚的兴趣和颇高的关注度。

第二部分,中国与若干邻国陆地边界管控现状及边境景观比较。

首先是中俄边界,如今双方的边界关系是比较友好的。在调研过程中,能看到俄方的哨所、等待出境的货车、边境的铁丝网,俄方边境的小镇以及教堂、村庄,还有俄方境内几乎是荒无人烟的原野。我感到很心痛,这么好的地方没有开发。

珲春口岸是中国、俄国、朝鲜三国交界的地方。在中国的监管哨,有从俄方境内开过来的货车,也有俄方的旅游大巴和到中方边境的游客。防川边境是一眼望三国的地方,一边是俄罗斯,一边是朝鲜,一边是中国。在俄方的 422 号界碑可以看到,边界线管控非常严格,有铁栅栏、铁丝网,有中国防川边防站、图们江。从这里可以看到远处的日本海,这是俄罗斯境内的领土,一派很奇特的边界景观,真是一眼望三国的地方。关于珲春,昨天我讲到,特别适合建一个跨境国际旅游特区,珲春街头有很多俄罗斯游客,并且他们中的相当一部分人是到珲春体验医疗旅游,主要是看牙,要比俄罗斯境内便宜很多。无论是年老、年少,俄罗斯游客到处都是。珲春店铺很多卖的是俄罗斯纪念品,尤其是战争时代留下的俄罗斯纪念品。

珲春还有一个对朝口岸。有中朝的界桥、长白山天池。它是中国在东北地区海拔最高的边防站,它的海拔是 2 691 米。从西坡上去可以拍到长白山天池。从南坡上去,可以看到的同一块界碑,中国这边是 36 号,朝鲜那边也是 36 号。

另一个是中国和朝鲜之间的长白口岸。其对岸有个朝鲜的较大城市——惠山市,大家觉得朝鲜是很神秘的国度,在此可以近距离感受朝鲜。朝鲜境内的农村,还是比较原始的。朝鲜村级政权机构有金日成的画像。隔几百米就有岗亭,它的用途是什么?这是朝鲜为了控制边民逃亡中国专门设的岗亭。这是很有意思的一个边境景观,在朝鲜靠近边境一侧都有岗亭。我们当时沿着鸭绿江从长白山天池下来以后走了好几天,沿途看到的边境景观非常有意思。

另外还有集安的中朝口岸。集安境内保留了当年日本关东军建设的碉堡。还有一个很重要的世界遗产——高句丽王城,是韩国人崇拜的圣地,所以集安的韩国游客非常多。从集安的云峰大坝居高临下来看朝鲜村庄还可以看到在吉林的临江市,对面是朝鲜一个大型铜矿。

今天早晨,巴西的一位教授跟我探讨一个问题,边界是不是仅仅是管控?有没有友好相处的地方?其实云南边境有很多这样的地方。从中方境内眺望山坡上的缅甸境内的佛寺,这个地方随处可以看到一些小和尚。在中缅第一寨打洛口岸附近的勐景来傣寨。我与这两个小和尚照相,他们是缅甸人,到这里游玩。寨子里的民俗风情非常浓郁,保留着第一代傣楼和第二代傣楼,而第三代的傣楼,已经是泰国风格了。这里面有一些很原真的傣族生活场景，这是第二代木楼，在很多地方都很少见了。他们在自家下面出售旅游纪念品，也展示他们的织布机和傣家美食。

在中越边境的广西东兴口岸，有中方的界碑、界桥，对面是越南的芒街口岸和越方的公务人员，界桥上两国往来很频繁。

在中国与克什米尔巴基斯坦实际控制区交界的红其拉甫口岸，有中国的边界哨和巴基斯坦的边界哨，有中国的界碑，也是两国共用的一块界碑。还有等待出境的车辆，川流不息。

第三部分，新时期中国陆地边界管控的职能解析。

维护国家领土主权，保卫人民生命财产安全，包括反恐禁毒、防不法分子偷渡和境外敌对势力渗透、防走私漏税和传统性疾病流入等，仍然是现今中国陆地边界管控不可松懈的基本职能。与此同时，边界一般的人员控制和隔离职能在一定意义上有所淡化，而全方位促进经济合作、扩大人文交流的新职能正日趋强化。

第四部分，创建跨境国际旅游特区。这是中国顺利实施“一带一路”倡议并争取邻国积极响应的一种陆地边界管控理念创新，也是诚意所在。

关于跨境国际旅游特区的内涵、创建意义与条件。从内涵上来讲，由中国和相邻国家分别划出一定地块共同构成封闭地域，双方各自开发建设和经营管理，以接待中外游客来此观光休闲、旅游度假为主要功能。其内实行特殊边境管控政策，统一免签证、免关税，出入境手续简便灵活的新型跨境国际旅游目的地。提出这个主张是有依据的，我在珲春做调研时，跟地方政府探讨过，他们有这个意愿，俄罗斯、朝鲜方面也有这个意愿，全国各地与其他国家接壤的边境地区政府都有这种意愿。

创建意义在于充分发挥边界的旅游吸引功能，多方对接和落实“一带一路”倡议，打造一批中国与相关陆地邻国在旅游经济发展、社会文化交流等方面合作共赢的边境桥头堡和窗口，以及全球跨国边境旅游的示范区。

从创建条件上来讲，主要包括边境交通要冲、两国口岸对应、双方政策均无大碍、自然条件与基础设施良好、人文景观独特、观光价值不菲、边境贸易活跃。

中国陆地边界若干口岸跨境国际旅游特区创建条件评估可以分为三类。一类是条件优越而且比较成熟者——珲春、满洲里、绥芬河、黑河、长白、东兴、友谊关、打洛、畹町、瑞丽、樟木等，其中珲春、满洲里这两个地方条件最好。第二类是条件一般者——集安、丹东、河口、亚东、普兰、霍尔果斯、二连浩特、阿尔山等。第三类是条件较差者——红其拉甫、卡拉苏、伊尔克什坦、阿拉山口、老爷庙等，理由在于这些边界地处高寒山区或干旱荒漠，自然环境严酷，且远离城镇，人烟稀少。

下面以珲春为例说明。首先，珲春处于图们江国际合作开发区域的几何中心，被称为“东北亚的金三角”，乃中国唯一同时与俄朝陆地交界、对两国各有开放口岸的边境城市，并与韩国、日本隔海相望，是中国直接进入日本海的唯一通道，且高铁直通长春、沈阳、大连，普铁可达毗邻的海参崴和罗津等俄朝天然良港。其次，珲春拥有三国交汇的神秘边关、恢弘大气的山水风光、清新优美的生态环境、丰富多样的生物资源、冷热适中的宜居气候、异彩纷呈的人文风情、厚重深邃的历史遗存，近年边贸购物和医疗保健旅游更是声名鹊起。最后，珲春乃中外游客，尤其是俄罗斯远东游客观光休闲的钟爱之地，具备建成东北亚国际旅游胜地的巨大潜力。

关于跨境国际旅游特区创建与运作的若干问题探讨。第一，相关邻国的法律法规及政策配套支持。应根据与邻国协商谈判的进程和彼此法律层面解决的难易程度逐步推进，万不可一哄而上。条件成熟的，如珲春、满洲里可以先做，其他地方可以谈判。第二，跨境国际旅游特区吸引力的打造。要着力彰显边境神秘色彩，展现口岸开放魅力，突出异域人文风情，营造独特的休闲氛围。第三，跨境国际旅游特区内部不同国家管辖空间的运作。既相对独立，又有机联系；既合理分工，又凸显合力。

由于时间关系，我就讲到这里，谢谢大家！

未来十年中国地缘政治学研究重点方向

胡 志 丁

（云南师范大学）

主持人骆华松：谢谢肖星教授！肖教授关于跨境旅游特区的提法很有新意，边境上整个开放体系有一个跨境经济合作区，跨境经济合作区的功能跟跨境旅游功能有一定的重叠，边界的管理更加特殊。因此，下次有机会我邀请肖星教授到云南的跨境经济合作区去考察边界管理，再进行指导。

我们这个单元最后邀请来自云南师范大学的胡志丁博士。胡博士虽然是年轻的学者，但他从事地缘政治和政治地理学的研究已有十年，目前主持两项国家自然科学基金，有大量的成果发表。如果要了解他的成果，可以查阅一下。下面就请胡志丁博士做专题报告。

胡志丁：各位朋友，大家下午好！我今天汇报的题目是"未来十年中国地缘政治学研究重点方向"。我从2007年开始做跨境合作和边境安全的研究，目前的研究是关于地缘战略新的方面。今天做这个汇报是因为我看了很多国外最近关于地缘政治学的研究进展，想到可能有一些东西需要在会上跟大家讨论。

下面分成四个方面讲。第一是国外地缘政治学的研究进展；第二是对国外地缘政治学研究的一些评论，应该说是批评，后面会引申一下；第三是未来十年中国地缘政治重点研究方向，中国跟西方做地缘政治探讨方向是不是可行；第四是各研究重点方向之间的内在联系。

国外地缘政治学的研究进展到目前为止，大致来讲，从文献阅读知道主要包括四个方面：古典地缘政治，批判地缘政治，流行地缘政治，反地缘政治。国内介绍得比较多，大家比较熟悉的是麦金德的历史的地理枢纽，还有马汉的海权对历史的影响，斯皮克曼的和平地理学，还有杜黑的制空权。沿着这条思路来做，到现在为止在国内外都很有市场，也正是这一部分的研究使地缘政治这个学科在国内外影响比较大。

冷战结束以后，国外开始转向对古典地缘政治的批判。以前的古典地缘政治，大部分是对事情的叙述，如果很认真地、很细致地研究麦金德所写的历史和斯皮克曼所写的同一地方的历史，人们就会发现，他们实际上都是通过个人的角度把当时的历史串在一起。麦金德主要描述海上力量和陆地力量争夺，但是斯皮克曼认为历史从来没有发生过纯粹的海上力量和陆上力量的争夺，实际上是陆上力量联合边缘地带与海上力量进行对抗，或是海上力量联合边缘地带与陆上力量进行对抗。因此，他们都认为地缘政治实际上就是一个“话语”，这也是后面批判地缘政治学所研究的一部分内容。到冷战期间和冷战后，美国和苏联通过一些电影、动画、漫画来表达他们背后的权力关系。

反地缘政治到目前为止研究不是特别多，文献很少。我认为不应该总强调地缘政治是一种对抗，而应该要强调它是一种社会的力量。例如，日本修改宪法，日本民众会自发进行一种抵抗，这就是一种力量，这应该作为反地缘政治的研究。例如，韩国部署“萨德”导弹系统，韩国民众也会进行游行示威反抗。通过这样的发展思路，反地缘政治的研究才可能一步一步向前推进。但实际上地缘政治的研究存在三个方面的问题，当然也可能不止这三个问题。

第一，虽然借用了很多的社会理论，研究逐渐深入，但是影响人群较少。如果讲古典的地缘政治，很容易获得国际跟国内的共识，很可能沿着这个思路向前发展。批判地缘政治有很大的市场，但流行地缘政治和反地缘政治就很少有人研究，特别在中国来讲更少。如果大家都不去了解和关注这些理论，肯定会大大影响地缘政治学在人群中的传播。可能今天的大众更多地还是了解前面那一套讲抵抗、讲冲突的内容，因为这样很容易使大家形成共识。

第二，按照当前国外地缘政治学发展思路，很多情况还不能解释，特别是无法做一小部分预测。经济学的发展可能是得益于社会学偏文科的经济学，受益于其研究方法，经济学逐渐发展成为一个帝国。但我们对于英国脱欧，却完全没有办法进行预测。2015 年的果敢冲突，特别是 2009 年的“八八事件”，这些事件都是特别突然。国内研究者分析中国周边整体地缘环境的变化，哪一年比较恶劣，哪一年发生了改善，其实是研究者把这一年的相关事件连在一起得出的定性分析结果。我认为正是因为我们沿着一个偏社会学的思路，导致当前的地缘政治学在解释这些事件的时候，解释力非常弱。

第三，对崛起大国的关注过少。毕竟地缘政治研究的是大国之间的关系，如中国、印度等一些崛起的亚洲国家。如果说欧洲学者继续强调以对抗性来研究地缘政治，而不关注亚洲大国的发展，那么地缘政治的影响力也是非常弱的。

基于这三点考虑，未来重点的研究方向应该如下。第一是我想与研究地缘政治的国外学者进行探讨的，我认为今后的研究重点应是地缘环境解析理论与方法。科恩最早在他的那本书里用的是“setting”，而不是“environment”，所以说，地缘环境的解析理论包括正在研究的和以前研究的内容，如古典的、流行的、批判的，以及所有关于国际关系的内容，从现实主义到自由主义，到现在的建构主义，都是可以用来借鉴、解释地缘环境的变化，这是科恩的理论。但是另外一方面，未来地缘政治要借鉴经济学方法，应该要构建一些模型，这些模型能够在很多情况下通用。例如,很多经济学家能够预测失业率、经济衰退、经济危机的到来。就像我们讲区域一体化会谈到区域一体化的指数,我在想是否可以有地缘区域地缘的分离指数,如果有,我们说不定可以预测到英国、法国或德国在某一个点会不会脱离,预测南亚地区的巴基斯坦和印度所组成的南亚一体化是分离还是慢慢聚拢。因此,无论是基于国内视角还是基于全球视角,对于地缘环境的判断都应有一定的预判性,这样才使得我们的研究防患于未然,否则我们永远不知道中国与周边的关系是在变好还是变坏,如东北亚地区和南海地区的地缘政治环境的情况。

后面第二、三、四个方面的内容是根据中国的实际情况所探讨的,第五是关于类似区域全球层面的内容。

第二,地缘关系学、国际地缘很早就研究地缘结构与未来全球地缘环境变化,但是为什么我还要提出全球地缘结构呢?因为全球地缘结构在发生变化。结构包括三个部分,首先是空间结构,麦金德、马汉都是在强调空间结构;其次,国际关系学强调的结构包括两个部分,一是物质结构,一是理念结构。因此,未来地缘环境强调的是物质力量和物质结构变化。我们很多人会探讨中日之间的关系,为什么日本现在暂时要修改和平宪法?有人认为可能是因为中国的经济实力增强了。但是现在世界环境趋好,不像冷战前那样通过战争消灭对方,这是因为我们在文化层面发生了变化,现在很难想象中国会为了南海问题或钓鱼岛问题而向美国、日本全面开战。另外在空间结构方面,我们要结合跨学科探讨未来中国的发展,一方面周边国家害怕中国崛起对其产生威胁;另一方面,中国自身也在思考中国的崛起对未来的地缘环境有什么影响,中国应该如何去应对。

第三,共建"一带一路"的区域响应与中国面临的地缘环境。"一带一路"的构建对地区的影响不同,每一个国家的区域响应也不一样,从印度到巴基斯坦,再到缅甸、俄罗斯、中亚地区、日本、美国等国家和地区都基于"一带一路"战略作出了不同的响应。未来确实需要认真研究"一带一路"战略对不同国家的影响,其在不同层面包括区域层面、地区层面和全球层面的影响,这样的响应如何影响中国未来的地缘环境变化。

第四,和平崛起的中国地缘政治战略。中国还是要有中国国家的地缘战略。未来,中国在海军发展方面和陆军发展方面的国家地缘战略是怎样的,是沿着古典的地缘政治的方向走,还是采用新的思路去构建战略。因为中国的发展在高层可能有一些内部的国家地缘战略,却很少会在公共层面承认有相应的战略。但是正因为国家不愿讨论这个问题,使得很多民众或一些其他群体都认为中国在公共层面是有战略内容的。这也使此问题没有得到很好的交流,大家无法更好地探讨这个问题。

第五,地缘环境大数据集成与服务平台建设。这是服务于第一个研究方向的,前面强调了借鉴国际关系学、社会学和地缘政治,但是我们仍然强调地缘环境的解析方法。实现这个方法必须要有数据的支撑。在中国或其他国家都有很多研究中心和研究机构，如有专门研究东南亚、南亚的研究机构/研究所，这些教授和研究员往往对某个国家的问题很熟悉，如袁家冬教授对琉球群岛研究很熟悉。我认为这些熟悉基于研究专家对某个问题的长期关注。如果构建一个数据集成与服务平台，梳理、汇总问题，形成类似指标体系的东西，大家就能够在上面获取信息，达成共识。以地缘环境解释方法为例，如果提出一个预测英国脱欧的模型，可能就会有人在此基础之上对其进行改进或者批评，大家最终会对这个模型达成共识。因此，第一和第五应该是可以在全球层面探讨的方法。

各个研究方向的内在联系大致包括三个层面：一是理论层；二是应用层，主要是在中国的应用；三是实体数据层的支撑。

自由讨论

主持人骆华松：感谢胡志丁教授的分享。因为昨天会议提倡中西对话，当时也提到在理论层面上的研究。无论是中国，还是西方，他的研究应该有所共性。特别希望在座的外国专家，能对胡志丁提出的这些研究方向有一个评价，让我们中国的地缘政治学者看看能不能感受到一些不同。不知道在座的能不能够作一些评述？

Virginie MAMADOUH：我认为您刚刚演讲中的五点是非常有意义的，同时您提到的数据库建立非常有趣，我觉得非常有意思，但同时我觉得这个想法又有点难度。比如说在欧洲，获取数据资源意味着要向大公司付钱，这些数据资源是非常昂贵的。请问在中国获取数据是一个很大的问题吗？例如数据库，这些数据是已经有了吗？还是说有可以利用的商业数据库，类似于通过谷歌？我不知道你是否面临这样的问题。因为今天学者们一直在谈论创新和科学性，而年轻的中国学者有潜力可以去在地缘政治上做出更多的创新，我觉得这种创新其实也跟他们是否能够获得资源以及他们怎么样去获得资源是很有关系的，所以我希望胡教授可以真正实现这一点。我希望你能继续谈论，这个问题中主要的挑战在哪里。

Alexander MURPHY：我也非常喜欢这篇论文。只有一点我想要补充，可能地缘政治不仅仅是中国地理学者探讨研究地缘政治战略对中国来说是什么，同样可以是地缘政治战略对于中国以外的地区来说是什么。比如说，在美国有很多关于以美国为中心的地缘政治关系研究，在中国也会有很多关于以中国为中心的地缘政治关系研究，但是关于其他地域的地缘政治研究呢？他们是如何联系的，比如说俄罗斯？所以我认为，在地缘政治学当中，如果有来自于各个国家的不同研究角度的地缘政治对话，我认为是非常有意义的。

胡志丁：关于教授的提问，是这样，当时我最早有这个想法，是因为我看了比如说云南省社科院做东南亚每一个国家的研究时，都有好多的专家对每一个国家的历史和数据，包括各种各样的数据非常熟悉。但是这些数据跟这些资料最终都保存在他们各自的档案里面，如果说我们要做这方面研究，我们要重新去他们图书馆借阅书出来，需要花很多时间。实际上国内有很多做地缘政治的需要全球遥感数据，很多部门里面有，中科院地理所有做中缅边界地区土地利用变化的，他们也有，而我没有；还有很多数据他们很全，这些数据需要申请。麦金德讲到理论的时候，会分析水资源和森林资源的分布。作为一个地缘政治的研究者需要这些数据，如果有这样一个平台把这些数据放在一起，使公共共享这些数据就不一样。在云南师范大学，在骆华松教授的带领下，我们今年投入了800万元建这个数据平台，框架已经搭起来，正在做数据往里面添加。这样如果后面做成了，对研究每一个国家、国别的地缘政治，乃至全球的地缘政治可能起到很好的帮助。

我们在语言上还是有障碍的，现在积累的东西仅仅是从英语文献中获得的思路。我认为做地缘政治除了说反地缘政治也好，维护全球和平也好，我认为仅是从意愿上来讲。如果地缘政治不能够让很多人学习、传播，它的影响就很小，上升不到国家层面，意愿就不能解决问题。现在解决的问题是使得地缘政治类似于建航空母舰、原子弹，使其在全球属于稀缺、需要的东西。只有领导和民众想要去了解，产生强大的影响力，地缘政治才能为全球减少冲突服务。而不是纯粹在小学科里进行纯理论性地批判地缘政治，反地缘政治，这会使得这个领域影响力越来越小。

主持人骆华松：由于时间关系，我们这一段报告就结束了。我们再次感谢报告人的精彩报告，同时感谢各位专家的参与。下面时间是茶歇时间，然后接着第二阶段报告。

外交机构的地理学:跨国机构研究中的个人位置性

Merje KUUS

(The University of British Columbia)

Merje KUUS:我的这场演讲主题是关于研究的方法,我用了欧洲外交机构的案例,以期推进跨国机构的研究。我尝试描述在研究中我所遇到的方法上的困难,并尝试聚焦于在研究中遇到的方法问题,因为这些问题在地缘政治研究领域非常普遍。

在我的研究中,我关注的是跨国机构人员怎样行动,以及他们的角色是什么。现在世界上有很多外交活动,但关于外交活动的研究方法上遇到了很多困难。我们发现,在跨国政府机构的大背景中,外交官们也变得越来越个性化,这增加了研究方法上的难度。想要探究到底发生了什么,事情如何发生,及其背后原因,就必须要详细了解这些跨国机构中的独立个体,他们的职业背景、兴趣爱好和社会网络。这些信息和跨国政府机构中个体的位置、社会关系,都对外交研究产生了巨大的作用和影响。这种个体间高度的特异性增加了方法论的难度,提出了对于普遍性的挑战。为了解决这些困难和挑战,这个研究通过深入探究个人在跨国政府机构是如何工作的,以促进我们对跨国机构的了解。

欧洲的外交机构是我过去九年的研究中心,这项研究包含了对大约 100 位外交官进行的一对一的深度访谈。我们每一次都在布鲁塞尔或其他城市,对大约 15 位外交官进行访谈。但是访谈的具体地点或细节我没有办法公开,因为涉及研究对象的隐秘性和政治事务的高度敏感性。所以今天,我希望通过阐释跨国外交机构研究,对个人位置性和方法中的归纳起到一定的推动作用。

首先,我想要从个人位置性这个话题来开始我的演讲。一个人在权力结构中处于什么样的位置,会影响他的观点和看法,例如我们的研究对象,即外交官,在跨国机构当中处于什么样的位置,与他人拥有什么样的关系。在我们研究人员看来,这些研究对象都是一个个具体的人,而我们必须和研究对象保持一定的距离,这样才能确保自己的中立性。但这并不是那么容易,因为第一步我们要在这些具体环境中取得受访人员的信任。这种困境使我们必须常常思考,什么可以说而什么不能说。我认为,这种类型的问题是很多地缘政治研究学者都遇到过的。当我们具体谈到布鲁塞尔,即欧盟的总部所在地时,想要跟研究对象沟通,研究者首先要进入受访对象的社交网络，并获得来自政府官员的信任。但这样做有可能导致的一个后果是，对研究机构，我们仅仅得到一个狭隘的印象或是观点，因为研究者很可能仅仅跟同一个社交圈的外交人员沟通。在研究的过程中，对于研究材料的使用和表达也会带来方法和道德上的问题。

学术研究的读者往往希望读到受访对象的细节，如他们的国籍、职位、性别、工作经验等等。同时读者希望能够读到受访的时间和地点。在跨国研究中，地点是非常重要的信息。研究者在解释研究材料来源的同时也就展示了信息的来源地。研究知识是如何超越国界的研究者理应提供其信息来源地的组成部分。

但是在一个高度个人化的跨国研究中，提供这样的信息有可能会起到相反的效果。欧盟的人员任命，遵循的是"地区平衡"的原则，这个平衡主要指不同国籍人员的平衡。在论文中提供受访者的国籍，往往会指向非常小的目标人群，有时甚至是指向 A 或者 B。同时，外交很多时候是男性所主导的领域，性别会透露非常重要的信息。如果在某些特定的上下文中提到委员会中的"她"，可能对于学术界无关紧要，但是对于在布鲁塞尔知情人来说，可能意味着一个具体的人名。

欧盟自身的复杂跨国属性，也是导致这种困难的原因之一。在布鲁塞尔，个人应该代表欧盟，而不是代表所属的国家，但是每个人都对自己国家的利益非常敏感。很多资深的内部人士，他们甚至能够从句子中的语法错误判断是谁说出的话：有典型的斯拉伐克错误，或是特定的德国英语用法，或者一个典型的英式隐喻。当我们不够小心地引用他人时，就会损害匿名原则。

我在表达时，非常仔细地隐藏了受访者的具体机构位置、职位和国籍。我同时也避免引用布鲁塞尔之外的地名，大约 1/4 的访谈是在布鲁塞尔之外的国家首都进行的，但是一个首都工作的人员是非常少的，以至于提到某些地名就意味着少数几个具体的个人。

然而，对于我的研究项目，个人位置性是非常关键的。社会科学领域的研究与研究对象的社会位置息息相关。我的受访者在他们各自的位置上接受访问，有些也向我阐述了机构中位置的构成。他们接受我的访谈也部分是因为，向我推荐他们人员的位置。因此，我也成为这种位置性博弈中的一部分。我的分析核心是关于政治机构中的社会位置，但是匿名性的原则使我不得不对能够透露这些机构人员身份的信息保密，这要求我在我的分析中需要格外小心。

是否对我的研究造成一些局限，这取决于具体情况：背景介绍是否成立，要引述怎样的话，或者怎样用改写的话引述，从材料中得出怎样的结论。一份仔细的背景介绍，也许只有较少的引用和基本信息描述，不一定就经不起推敲，很有可能比一份表面上包含很多细节的背景介绍更有说服力。一些常规信息，如当天采访的地点、时间在哪里，他们的国籍是什么，他们的职位是什么，并非像程序一样必须提供，我们应当关注的是这对我们的分析能够起到什么样的作用。

有的时候我们的分析仅仅由标签构成，如国籍、职位或是性别。提到国籍，就意味着赋予国籍一种解释的力量，意味着做出了一项解释性的和描述性的行为。总是提及性别或是国籍这种标签而不是其他一些资源，如声望，就意味着仅仅分析可见的社会标签，而忽略了隐形的社会资本。一些社会属性，如阶级，并不能从职位或是国籍的标签中得知，对这些属性的揭示需要更细致地对社会互动的观察和研究。

我还想利用最后一点时间说一下案例的推广。我们知道在欧洲关于欧盟外交的这些参与人士都是非常特殊的，可能没有办法进行分类或是广泛推广。这就带来一个问题，有人跟我说，像这样一些欧盟人员，他们是否是一个特例，还是说他们是否真正可以代表在欧洲的权力决策过程。像这样一些材料有多大程度的代表性？布鲁塞尔的决策可以在多大程度上反应欧盟或是其他地方的外交过程？

总结一下，今天我主要从个人位置性和案例的推广两方面介绍了我的研究和相关的研究方法。谢谢大家的倾听，谢谢！

自由讨论

主持人 Virginie MAMADOUH：谢谢您非常有见解的一个介绍，因为我发现您是非常有经验的，尤其在数据收集方法方面，针对外交、欧盟外交领域。但因时间有限，所以我们只能继续往下走。下面邀请 HUANG Linyan，大家有没有问题呢。

Crowe-Delaney LESLEY：请问您觉得用一些软件程序是否会对研究有帮助？

Merje KUUS：我觉得没有什么用，软件其实没有什么太大的用处。我觉得我们必须把所有一些说的东西以及调查和数据输入到调查当中，看到单独的情况，我觉得的确是挺难的。虽然有质性研究软件，但是仍然需要将信息类型化、种类化，分成不同的种类，但是仍然会有无法符合任何分类这样的问题，所以我们并没有使用软件。

Virginie MAMADOUH：不好意思，打断您一下，等会儿茶歇的时候，或者会后我们可以再进行一些深入的讨论。下一位是 HUANG Linyan，她将向大家介绍：中国的新全球运输网络，是用铁路还是用水路？

中国的新全球运输网络，铁路还是水路？
——“一带一路”背景下中国北极圈的航运意图与货运列车的比较

HUANG Linyan

（Laval University）

HUANG Linyan：谢谢大家来倾听我的演讲。我的演讲将会分析中国在北极圈的水路、铁路及其优势、劣势和挑战。

我觉得，从可行性和经济收益的角度上看，任何方式都无法代替传统的水路运输。然而，这些运输方式有一些其他的价值，例如铁路货运可以帮助我们进行地缘政治方面的活动。在北冰洋的夏季运输中，共有三种运输方式。第一个是目的地运输，主要在北极圈之内一个港口运到另外一个港口，然后运向全世界。第二种是北冰洋内的水路或者是运输。第三种是跨北冰洋运输，连接着北冰洋和太平洋流域，西北的路径是通过加拿大的群岛，东北的路径是沿着俄罗斯的海岸线。对北半球北部的大部分港口，从上述东北或西北路径穿过北冰洋是距离最近的航线。例如，从上海港到法国马赛港，通过苏伊士航线或巴拿马航线的距离是 19 718 公里，而通过北冰洋东北航线的航行距离为 16 460 公里。

然而，虽然中国的学术界对北冰洋航运开始逐渐产生兴趣，但是并没有针对北冰洋航运路线获利性的批判性研究。北冰洋航线往往被描述为具有较近航运距离的新航线。与之相对应的是，来自于中国北冰洋航运并没有太多增长，在北冰洋范围内的航行主要由来自俄罗斯和欧洲的航运公司把控。在 2013 年由俄罗斯发放的 640 份北冰洋东北航线许可中，有 535 份是发放给俄罗斯的船只公司，只有两份是发放给来自中国的公司。

在 2013～2015 年，我们所做的一系列访谈中，46 家中国航运公司几乎没有在北冰洋航运中有任何的真正利益。原因主要来自以下几方面：对购买北冰洋航行船只的大笔支出；集装箱市场对及时性的时间表的严格要求；北冰洋航线上的高风险；北冰洋航线沿线基础设施不够好；以及船只大小的限制，等等。

2015 年，中国提出了自己的“一带一路”倡议。在地理上，这个倡议涵盖了亚洲、欧洲和非洲。这个倡议的框架和关键点都在于基础设施的连接性上。从 2011 年 3 月，第一列货运火车从重庆出发到德国，之后货运火车就如雨后春笋般地发展起来。2011～2014 年，货运火车从1辆增加到200辆,2014～2015年,一共有600辆列车的增加量。而就在2015年8～10月又增加了200辆列车。除了运货量大之外,经贸量也大幅增长。以武汉为例,164趟列车一共带来10亿美元的经贸额,这是非常惊人的结果。

但是货运火车也存在着自己的问题。价格方面的竞争优势并不明显,因为存在以下两方面的问题:首先,大部分火车是包租火车,视出租需求而成行;其次,是大多数货运火车的装载效率低。从中国运出去的货物很多,从欧洲回来的火车是空的。因此,价格对货运火车造成了很大的挑战。

我之前提到一点来自省级或者市级政府的资助。在中国,特别是来自内地的城市政府很希望通过一条铁路线路和欧洲打开贸易关系。因此,城市会给经过当地的货运火车线路各种补助。但是每一个城市、每一个省级政府对他们的补助都是完全不一样的,因此火车线路会寻求补助最多的城市,这造就了不同火车线路间的价格竞争和市场的无序。整个运输网络系统因此发展不平均,有一些地方比如像郑州和武汉发展速度非常快,而南昌、苏州发展速度则较慢。

另外一个非常具有中国特色的因素是,政府参与和干涉。一条铁路通过政府的支持,搭建合作关系。现在已经开展的包括哈萨克斯坦和中国物流区的贸易活动。另外,像昆明和成都一起签署协议,建设更多到欧洲的铁路。像在2016年中国国家主席访问波兰时,波兰被鼓励成为中国货运网络经过的欧洲贸易窗口。同时,现在有很多铁路线归于中国铁路公司之下,其实也带来了中央政府的干涉。

再一次去对比中国出发的北冰洋海运航线和通向欧洲火车货运线路。我们可以发现,火车货运可以刺激中欧之间的贸易增长,而2010年之后在北冰洋航线的货运增长并没有出现大规模增长。截至2015年年底,从营口出发运向欧洲的集装箱占了东北地区90%的对外集装箱运输份额,营口也成为海陆联运的节点,日本或韩国也希望用我们的铁路网络把电子产品或是汽车运到欧洲或俄罗斯。

中国的政府对于北冰洋的航运没有特别明确的政策,而中国的船运我刚刚提到在北极圈的运输系统当中,没有太多的份额。与之相对应的是,现在中国内陆城市的运输需求,这催生了通向欧洲的铁路系统。例如,重庆希望成为面向欧洲的笔记本制造中心;昆明希望可以从欧洲进口鲜花,同时向周边国家出口农产品;武汉也期待借助铁路的发展成为中国的物流中心。

接下来是我的讨论和结论。中国海运运输从来都不便捷。通过北冰洋的最短路径现在还停留在想象的阶段。我们现在可以看到火车的货运网络已经开始搭建起来了。货运在地缘政治当中非常重要,现在中国可能会把自己打造亚欧的运输交通枢纽,这是我的一个假设和想法。最终我想说如果北极圈的海运又开放起来了,也开放给中国的公司,那他们会不会也遇到像火车货运这样的问题。比如说像我刚刚说的有货过去，但是没有货过来、空车回的情况。我想再次强调我的想法，在我们货运列车网络不断扩大的情况之下，更多要考虑其背后的政治地理意义。

最后，美国的地理学家说，一直到21世纪，竞争一直是水上竞争，对于中国来讲，是否如此呢？谢谢大家！

自由讨论

De Leon Petta Gomes da COSTA：您的研究中有没有从中国方面，比如从中国到缅甸，有没有从云南进入到缅甸，去到印度洋沿岸的口岸，然后再往北，有没有研究过这一方面？

HUANG Linyan：有类似的航线，如果用货运车，速度会更快一些，因为时间可以缩短1/3，但是会更贵。如果有政府的补贴，会便宜一些，但是有政府补贴就不是自由市场。

嘉宾：中国全球对外贸易，经过北极构建贸易网络的过程中，江河联运系统在中国对外贸易网络构建过程中，是否也能占到一定的份额？因为我知道鄂毕河是国际河流，流进中国，若江海联运的话，既可以获得货运的一个优势，也可以获得一个陆运的优势。我之前在看一些资料时，在第二次世界大战期间，苏联卫国战争的时候，就是利用江海联运系统作为后勤物资保障的通行通道。

HUANG Linyan：您说的是这种混合联运。我觉得这不一定是必要的，因为首先从来没有提出过这个问题。如果之前没有任何人提出这个问题，我想背后一定有原因。说到北冰洋航运，最多的就是自然资源运输。如果这样，江海联运的可能性是非常低的。如果您是说集装箱运输，目前来讲北冰洋运输还无法做到这一点。当然还取决于其他因素，比如说我们有货运，有散装船运，有集装箱运输，性质决定了运输的方式，所以我们要非常小心。如果说的是整船运输，比如说你要求定了一艘船从A点到B点，过去就结束了。但是如果是集装箱运输，要安排船期。如果在北冰洋船期上面就很尴尬，所以说江海联运是比较困难的事情。

以促进区域平衡发展为目的的政策移动性

——以中国的对口支援政策为例

宋 涛

（中国科学院地理科学与资源研究所）

主持人 Virginie MAMADOUH：非常感谢您的解释，刚才黄教授给我们作了非常好的分析，探讨了其他运输路径的可行性。下面的舞台交给中国科学院的宋涛先生，为我们介绍中国的区域平衡发展和区域配对政策。

宋涛：下午好！我来自于中国科学院。今天要讲的是以促进区域平衡发展为目的的政策移动性研究，以中国的对口支援政策为例。

我的案例地是新疆。大家都知道从1978年到现在，中国经历了飞速的经济发展，但是同时也出现了区域间的不均衡。在这个过程中，中国政府想尽可能地寻求不同区域经济发展的平衡。我的研究题目是，中国政府如何利用对口支援政策平衡各个区域。

这是我的演讲大纲。首先，中国背景下的政策流动性；第二，对口支援作为一项政策是如何发挥作用的；第三，我会给大家举新疆的例子；最后，是总结与讨论。

政策流动性这个概念出现在全球化之后，整个世界越来越多地联系在一起。在全球化进程中，空间不再是固定的，而是流动的空间，这是一个去中心化现象。有一个非常明显的趋势，在不同的城市、不同的区域，每个地方都希望吸引最好的人才和最具创造力的产业。政策流动性是一种用于解决政策转移或转型问题、不同决策与行为在地区间相互渗透的现象。每个城市或地区政府不仅希望创造更多的机会，也希望向模范地区进行学习和模仿，在比如卫生、政策、智能城市或可持续发展等方面进行学习和借鉴。

政策流动性和政策的转移是不一样的概念。政策转移是政治领域中的概念，所关注的只是两个维度的现象，例如全国性的或是本地性的；而政策流动性的关注范围更广，地理学者可以用这个概念进行不同尺度的研究。政策流动性常常被用于分析没有固定边界的、动态的、相关联的混合政策。我的观点是，以国家为中介的政策流动性在中国是一种新现象，在中国体现了中央政府的国家权力网络。政策流动性由三个部分组成，第一是来自机构的先进专业技术经验，第二是由国家权力引导的直接资金流，第三是以国有或私营企业为基础的项目。

首先阐述的是“对口支援”政策。对口支援开始于20世纪50年代，它的初衷是让一些经济较为发达的地方，支援那些经济并没有完全发展的地区。自1979年，中央政府在52号中央文件中，正式确立“对口支援”为国家政策。这样一种大规模协作和支援工作主要有三个目标。首先，帮助边疆地区的少数民族经济发展，如新疆；第二，帮助一些建设大型基础设施项目地区的发展，比如说三峡大坝项目；第三，帮助灾后重建，比如说四川。

在20世纪40年代，新疆被认为是一个非常重要的区域，被称为亚洲的“新重心”，尤其是在中国和苏联、印度以及中亚地区、中东地区的政治版图当中。新疆的重要性不仅仅是因为它拥有丰富的金矿、玉石资源，也因为它拥有丰富的石油、煤矿资源和多民族的人口结构。新疆的面积占到中国面积的1/6，但是其GDP只占到全中国的2%左右，新疆的发展仍然是非常落后的。

从清朝到现在，中央政府已经拨了大量的金钱、资源来帮助新疆的经济发展。我们认为，像这样一个对口支援或者是对口援疆的政策，是由三部分组成的。第一，中央政府把资金从相对发达地区转移到新疆。第二，中央政府把一些政府官员和专家从沿海地区转移到新疆。第三，中央政府转移一些项目到新疆，特别是一些产业项目或者工业项目以此来振兴新疆。

接下来将介绍“援疆干部”项目，该项目是从1996年开始。从北京、天津、上海、浙江、江苏等地派很多的干部到新疆。从1997年开始，从国家层级以及19个省份层级，国家已经派了八批超过7 000名干部和员工到新疆支援。有两种援疆干部的方式，一种是派遣政治干部到新疆，还有一种是派遣在产业方面有领先技术的一些干部去新疆。新疆大部分都是少数民族地区，中央政府派遣许多教师来新疆，同时也送新疆的干部到内地来学习，这样以便他们汲取更加先进的知识。事实上中国正在经历一个不对称的去中心化进程，经济去中心化的同时需要保证政治仍然是在党的领导之下的中心化。援疆干部不会永久在新疆工作，一般来说是会有一些相应的政策。

另外一种和政策流动性相关的是以产业为中心的政策。援助项目会帮助把一些发展区域或者发展工业区从他们的省份移到新疆，比如江苏有这样的经验，他们把苏州工业园的相应政策搬到了新疆与中亚接壤的边界地区霍尔果斯。过去十几年以来，苏州工业园是一个非常成功的项目，因为有非常强大的政府支持，而对口的支援产业区也会从苏州工业园中学习到有效的治理和管理政策。

第三种政策是自上而下的直接投资政策。根据中央政府的规划，中央政府直接拨款五年两万亿元用于援疆。此外，每一个地区必须把自身财政预算的0.3%～0.6%投入到新疆对口支援地区。从2012年起，支援新疆的资金每年预期增长8%。接受对口支援的区域，在新疆被看成是接受先进地区项目的“飞地”。这种直接投资的主要目的是，改善少数民族地区人民的生活状况和解决这些地区的贫穷问题。大多数投资项目都与改善民生相关，超过70％的投资被用于提高当地人民的生活质量。

下面将介绍这项政策中政府的治理等级。在对口援助项目中，中央政府承担着最主要的角色；省级政府会召集一些省级干部援助新疆，并且省级政府会将当地企业的产业链条以及市场扩大到新疆；当地政府会充当推动者、改革者的角色，可以帮助新疆的产业发展。然而，当地政府往往会进行一些项目的推广，但是他们并没有很好的创新精神。

虽然对口支援项目使得全国经济的发展更加均衡，但是援助项目中仍然有一些困难。这些困难包括，工业项目中的本地化援助非常少；同时援助项目是不稳定的，因为大多数的干部到新疆，只工作一年半左右就会离开。因此，这是一个非常短期的项目，很多产业项目都没有办法很好的落地。最后，这种从外地而来的项目需要一个“造血”的过程，也就是说外地项目需要适应和再生的过程，对于他们来说，这也是一种困难。

以下是我的结论。现在政策流动性的主导机构是中央政府，这种机制起到了促进落后地区的发展和创新的区域转移的作用。国家政府的努力和贡献是决定整个政策流动性的最重要因素。同时，这种政策流动性应当被理解为国家资助的区域在机构上、历史上和空间领域性上的重塑过程。

以下是讨论。新疆当地的地缘政治条件，还有固化的地方体制，都阻碍了新疆资金、人员和项目的流动和发展。同时，政策也因为有各种各样的挑战和当地期望而有所变化。另外有一点我想强调的是，政府自上而下的机制与本地自下而上创新性的结合。最后，这种对口支援机制仍然需要更多的反思和改进。

谢谢大家！

自由讨论

主持人 Virginie MAMADOUH：非常感谢您的精彩演讲，有条不紊地展现了中国的对口支援和政策流动性的实践。现在我们有一个提问题的时间。

嘉宾：你好，我有一个问题。你认为有必要评估境内外的安全风险吗？诸如恐怖主义活动的增加，以及中国对新疆的对口支援政策中的民族冲突。谢谢！

宋涛：我不太确定是否完全理解你的问题。但我认为援疆政策仍然面临着许多困难，其中一方面便是来自国外的安全挑战，尤其在这样一个少数民族聚居的区域。因此，我认为下一步新疆的对口支援政策中央政府应当更加关注新疆的本土性，不仅仅是把发达地区的投资和项目转移到新疆，而是注重新疆本地的发展。这是我的回答。

巴西地缘政治的抵抗锚点

De Leon Petta Gomes da COSTA

(University of São Paulo)

主持人 Virginie MAMADOUH：好的，有请来自圣保罗大学的 da COSTA 先生！他将为我们讲解巴西的地缘政治锚点——圣保罗，这个充满抵抗意识的城市。

De Leon Petta Gomes da COSTA：谢谢！首先感谢这样一个机会，但我很抱歉，因为我的英语不是非常好。我要感谢中华人民共和国，感谢中山大学的邀请，我感到非常荣幸。我想跟大家分享一下，我是怎样从地缘政治的角度看待巴西圣保罗的，它对整个国家的安全至关重要。

因为我的英语并不是特别好，为了避免出现问题，我就直接读了。

圣保罗是巴西最具有活力的地带，它承担职能并不多，但仍是最重要的区域。事实上，它比这个国家的首都和其他大城市都更为重要，乃至于被视为巴西的"心脏"，甚至"头脑"和"肾脏"，这都源于功能的高度集中。许多巴西以外的人只知道里约热内卢，他们认为里约热内卢是巴西最重要的城市甚至是巴西的首都。但巴西的首都其实是巴西利亚，它位于巴西中部，它当然不是巴西最重要的城市。巴西最重要的城市是圣保罗。你可以看到圣保罗州就在这一区域，圣保罗城是圣保罗州的首府，与里约热内卢相邻，然而圣保罗却不如里约热内卢受到人们的重视。圣保罗是巴西政治旋涡的中心，这不仅是现在，在葡萄牙统治下的君主时代也是如此。圣保罗一直试图挑战中央政府，一方面，是由于其强大的政治权力；另一方面，圣保罗是如此独特的地理区域，它并不像巴西的其他行政区一样，通过一种民族共同体的荣誉感而高度整合在一起。因此，在过去，圣保罗人民也经常起义、发起颠覆活动，不断引发政治和安全议题。不仅如此，圣保罗还发起抵御"外来入侵"的革命，这里的"外来入侵"其实指的是其他州行政区和联邦政府的力量。有时他们甚至将巴西联邦政府视作"帝国主义"力量。理解了这些，我们就能理解圣保罗的历史以及它与巴西之间的关系。

将圣保罗视为巴西内部的一种"缓冲区"，或者说大陆西岸的协商地带或许更为恰当。为什么这样说呢？首先，在 15～16 世纪，当第一批葡萄牙殖民者抵达南美大陆时，这一区域其实是被葡萄牙帝国所遗弃的。圣保罗本地人民依靠自身力量建立了主权，成功抵御了帝国的直接统治,也摆脱了当地其他部落的侵扰和控制。这多多少少是由于葡萄牙帝国对这一区域的忽视,这与葡萄牙在亚洲,如中国澳门的殖民政策有关。随着巴西被殖民者所遗忘,整个巴西大西洋沿岸都经历了这种“去殖民化”过程,这些地区距离圣保罗最远有 3 000 公里。

其次,圣保罗在地理上是被隔离开来的。圣保罗是葡萄牙帝国在巴西最难以抵达的殖民点,即便它与海岸仅有 70 公里的距离。从海岸出发去圣保罗至少需要七天的时间,中间布满了不计其数的山脉、河流和难以穿越的丛林,恶劣的自然条件成为最大的挑战。为了搜寻更多的物质财富诸如黄金和香料,满足更大的野心,圣保罗人不得不自发地组成探险队伍。

当时葡萄牙在巴西最大的四个殖民点。在 800 万平方公里的土地上,葡萄牙人总数不超过 5 000 人,印第安人却以数十万计。在 16 世纪,只有图中红色标示的沿海地带的巴西领土才为葡萄牙所控制,广袤的内陆对于葡萄牙帝国而言仍是未知领域。圣保罗人民在先锋旗手的统领下,寻找各种重要资源,尤其是黄金。他们的探索与发现极大地扩展了领土范围,直到今天巴西的疆界。然而,葡萄牙王室命令天主教堂压制圣保罗人民。在一系列军事冲突之后,圣保罗人民的自然资源独家开发权被迫中止。大多数当地土著开始与葡萄牙移民融合,因此他们看上去与本地美洲人不同,也不同于葡萄牙人,这些人的存在展现了 16 世纪葡萄牙在巴西的殖民过程。这些印第安人和葡萄牙人的混血儿继续探索巴西的内陆地带,他们通过学习地理知识逐渐适应了当地环境,可以在这样一个独立的区域更好地生存下去,并有了足够的实力直面来自巴西各方的挑战。事实上,葡萄牙政权仍给予圣保罗人相对的自主权,以便在穷山恶水搜寻黄金的过程中获得他们更多的帮助,并换来他们的武力支持以使自己在与西班牙、法国等的殖民活动和奴隶贸易竞争中占据更有利的地位。圣保罗人最终在亚马逊丛林里找到了黄金,这激起了葡萄牙王室攫取财富的野心。圣保罗人试图再次挑战中央殖民政府的权威,尽管圣保罗军队的人数是这些“外来人”军队的三倍之多,他们却再次失败了。

在葡萄牙统治的最后岁月里,圣保罗人仍不忘向葡萄牙王室施加压力,一些有名望的家族动用他们的经济、社会资本,采取了一系列行动压制葡萄牙政权。1815 年,法国入侵葡萄牙后,葡萄牙王室逃到巴西。在国王回到葡萄牙后,王子佩德罗作为摄政王统治巴西,1822 年他在圣保罗宣告了巴西的独立。

然而,由于巴西仍是拉丁美洲唯一的君主制国家,分歧仍旧存在,直到 1882 年巴西从君主制的帝国转型为共和国。这依然发端于圣保罗,巴西的共和党在这里诞生,毫无疑问这同样源于圣保罗人民对中央集权的不满。接下来的 40 年里,圣保罗最富裕的家族与米纳斯吉拉斯州的掌权者联合起来,通过操控咖啡和牛奶的政策,从而持续干预巴西的政治。而咖啡是巴西税收的主要来源。

到20世纪20年代，圣保罗最终完全获得了对联邦政府政治权力的支配地位。1924年，面对日益严重的通货膨胀，圣保罗的军队发动起义直接与联邦政府对抗。尽管圣保罗人又一次失败了，反抗军的队伍仍得到进一步壮大。1932年，他们再度与联邦政府爆发了冲突，这一次的导火索是独裁者Getúlio VARGAS于1930年发动的政变，它剥夺了圣保罗自主选举州长的权利，并否决了1891年的宪法。圣保罗军队再次遭遇了军事上的失败，但他们却获得了道义上和政治上的胜利。叛乱过后，这些造反者的政见达成了一致。

可以看到，尽管圣保罗一次次经历军事上的失败，它仍然是反对联邦政府、抵抗独裁的政治运动核心。20世纪的后几十年里，圣保罗仍然持续践行着它的政治目标，这不仅仅是为了减少和避免联邦政府的干预，还为了维持自身的政治和经济自主性。例如，1964～1985年对军事独裁政府的持续抵抗，1992年反对费尔南多·科洛尔上台，以及在2013年和2016年反对迪尔玛·罗塞夫总统的一系列运动，有些讽刺的是，圣保罗也正是罗塞夫所代表的劳工党的诞生地。

为什么圣保罗如此重要？为什么它有能力持续挑战中央联邦政府的权力？为什么它有能力掌控和塑造整个巴西？其中一个原因要归功于它巨大的人口规模，圣保罗州占据了全国21%的人口，仅仅在圣保罗大都市区就集中了近两千万人，占整个国家的10%；此外，圣保罗贡献了巴西32.6%的经济总量和51%的科技产出，全国31.3%的工业产出也来自圣保罗。

最后，在巴西人口最为集中的区域，它们与联邦政府仅有着象征性联系。在巴西南部区域，它们与联邦政府的整合程度非常低，当地人民非常反对或者是抗拒来自于联邦政府的管控。他们一再想要取得独立，或者是取得某种程度上的自治权利，尤其越往南这种现象越为明显。圣保罗占据了“地缘政治锚点”或“阻碍”的地理位置，它与其他州不一样，一直挑战着联邦政府的权威，但却同时维持了南部区域与联邦政府的平衡。有着圣保罗州这样的存在，可以看到巴西的政治在保持国家统一性之外的一个不同寻常的特点。

北吕宋的卡加延河谷与科迪勒拉山脉的边疆

Borislav NIKOLTCHEV

(University of Oklahoma)

主持人 Virginie MAMADOUH：非常感谢！这个巴西的地缘政治分区非常有洞见，它向我们展示了区域的政治锚点。再次感谢！下面我们有请来自美国俄克拉荷马大学的Borislav NIKOLTCHEV，他将带来有关边疆的演讲。

Fred Shelley：文章的第一作者没有来，我将代他演讲。

我将从最抽象和最宏观的讲起。我们长期以来都有核心和边缘的概念，边缘并非是同质的，它是由各种与核心相对的不同的边缘地区共同构成的。另外，一些边缘地区也可能是边疆地区。边疆地区有不同的定义，它是一种历史性的概念。它可能是指为了发展农业，或者寻找矿藏而新开拓的土地和定居点。因此，它是历史性的，比如说海岸地带，这些领土一度是边疆地区，但你现在可以去中国台湾或者菲律宾的巴拉望岛等地度假，这些地方都非常安全，甚至航海都是没有问题的。

那么本文如何看待边疆地区？本文将边疆理解为国境线范围内的边缘地区，但需要强调的是，边疆并没有脱离核心地区，它仍然持续接受核心地区的统治。这里援引印度尼西亚做例证。印度尼西亚在20世纪70年代开创了一项移民计划，将人口从高度密集的爪哇岛迁移到人口较少的苏门答腊、婆罗洲和新几内亚，并提供给他们土地和其他鼓励政策以便他们能够安心定居。这并不仅仅是为了缓解爪哇岛的拥挤问题，更重要的是通过爪哇人促进国家身份认同的形成，因为爪哇人拥有极强的国家身份意识。

当我们谈到“核心—边缘”时，还可能看到另一种关系，即“中心—外围”关系。“中心—外围”，正如弗里德曼的文章写到，是一种国家中心主义的观点，它呈现出以一个国家为中心，其他国家均在外围的图景。“核心—边缘”也拥有这样一种图景，但它也可以是超国家的，也可以是次国家尺度的研究。

现在我们可以看到各种各样的边境地区，不同的边疆如何获得各自的独特性，成为研究的重要问题。我引用下面这段话进一步说明，里面有很多值得我们思考的地方。“新经济地理学更擅长于提出问题而不是解决问题，更擅长于创造一种引发争论的话语而不是解决这些分歧的工具。面对经济的空间特征，我们尚有大量亟待解决的争论。尽管如此，把它们放到台面上也总比忽视这些争论要好。经济存在于地图上并占据着空间，承认这一点对我们的模型而言是一个非常好的进步。”克鲁格曼向我们提出，为什么地理学在很大程度上仍然问题重重？这些问题是有关经济学的，但现在我们不得不将其与地理学联系起来。你可以看到两点，第一，有些时候你可能难以回答一些问题，但有疑问总是好事；第二，他提到了“空间”，我们来想想，这里能不能用“地方”的概念取而代之。怎样去定义“空间”或者“空间性”的事物？大家一谈到“空间”就会联想到空间的形状，比如说中国的版图形状，或者整个地球呈现的球形等，但这是地质学关注的事情，对于地理学来讲是无关紧要的。因此，这里的“地图上的空间”是值得商榷的，那些在地图上呈现的是“地方”而不是“空间”，地图可以标明“地方”的位置，但从中却无法识别由各种各样“地方”共同构成的“空间”。空间不仅仅是一种工具，还是一种更值得讨论的概念。当对边界和尺度的讨论涉及空间的概念时，我们也将面临同样的困境。尺度概念的发展与空间密切相关。

Agnew 在 2005 年发表了一篇论文，他指出地理学被看作“地方的科学”，同时也被视为“空间科学”。Knowles，一位著名的 GIS 学者，也认为地理学是从事“空间分异研究”的学科，这一观点已被很多人所接受。空间分异是城市研究、经济研究的重要课题。然而，这些研究所涉及的都是抽象的空间，这一空间被限制在由社会创造并调控的各种规则、政策和关系中。尽管社会占据了物理空间，这一空间却并不那么值得我们研究。或者说，空间性的研究被视为收入或其他衡量发展水平的现象的分布，而不是具体定位这些现象，观察在具体的地点发生了什么。把物理空间视为“地方”，将使我们不得不考虑难以计数的人类社会和物质景观要素，使研究陷于过于宽泛、缺乏重点的危险。

Agnew 还指出，空间诸如行政区划是有边界的，然而地方是没有边界的。他这样写道：“因此，地方不仅仅是空间中的地点，地方更与我们理论上思考和实际所做的息息相关。”这就产生了一个悖论，你可以拥有一个空间，这样不用通过行政区划你就知道它的确切边界在哪里；你可以划出一条行政上的边界，这样你也知道你的边界在哪里。同样，任何象征性的空间都是制度性的、政治性的。

“空间”和“地方”的区别也与尺度概念有关，尺度的概念不断发展以适应社会科学的新趋势。尺度在有界空间，诸如行政管理单元内运行，其不可避免地会不断发生时空演变。结果必然会导致重新归类和边界的重新划定。这样所有的有界空间都将包含大量的异质“地方”。这是地理学面临的重大问题，这样一种空间观限制了我们研究的眼界，因为有些空间要素是不受权力的控制的。因此，运用“地方”的概念会对研究造成限制。

我引用 Passi 的文章作一个说明，他在这里谈到尺度、地方和区域。他用了“地方”而非“空间”。如果我们将“区域”替换为“国家”，那么与之相关的适当尺度就是整个世界了。

边界限制了国家的领土范围。边界和领土都是由国家构建出来的，因此国家的空间划界关系到领土和边界的概念。提到领土，我们来看看 Elden 的观点。他提出，领土应该从土地和地形的角度而不是通过领土性去分析。因此，边界不再仅仅被视为地图上的线，它们自身就是一种空间（边境地区）、一种过程，研究重点已经从僵化的“边界”向边界塑造过程转变。

Van Houtum 认为，边境有着独特的生产实践和生活习惯，他们或多或少与国家分离的趋势有关。但这一观点遭到了批判，即使在不存在国家间边界的土地，“边缘地区”也可以部分成为“边疆地区”。我将引用菲律宾的例子作进一步说明。

为什么选择菲律宾呢？因为具体案例地并非企图脱离国家控制的边境，将其置于“核心—边缘”关系当中更为恰当。我们可以在地图中看到核心地区和边缘地区，其中马尼拉是核心地区，而边缘地区包括多个区域，它们并不是同质的。Cagayan Valley 作为一个历史区域，只有一条公路穿其而过，它与其他边缘地区山脉的阻隔，没有道路相连，因此可以将其视为边疆地区。Dalton Pass 是这里通往南部的唯一出入口，而 Patapat Viaduct 是通往北部的唯一出入口。中国南海将这一地区与中国台湾分隔开来。相较于马尼拉这一核心，他们说不同的语言，各民族也有各自的方言。随着中心城市的发展，它逐渐将相距遥远的每个地方整合为统一的空间。菲律宾的行政分区和核心、边缘地区的边界并不是精确对应，你们可以找来地图具体分辨两者之间的区别。

谢谢！

网络空间的“键盘侠”战争：
对新浪微博上恐怖主义和美国相关话题的话语分析

AN Ning

（University of Glasgow）

主持人 Virginie MAMADOUH：前一个研究通过一些基本概念对菲律宾的地缘政治现象进行了重新思考。现在有请最后一位演讲嘉宾 AN Ning，他来自英国格拉斯哥大学，他将以新浪微博对恐怖主义和美国相关话题的讨论为例，从批判地缘政治视角为我们介绍在网络空间中中国对美国的地缘政治想象。

AN Ning：非常感谢 MAMADOUH 教授！今天我演讲的话题是：网络空间的“键盘侠”战争：对新浪微博上恐怖主义和美国相关话题讨论的网络话语分析。所谓“键盘侠”是一个流行的中国网络术语，是指部分在现实生活中怯懦，却喜欢在网上发表“个人正义感”的人群。也经常用来形容那些平时人面场上极其冷场，一旦脱离人群独自面对电脑敲键盘或用手机进行网络评论及聊天的时候，可以毫无顾忌谈笑风生，对社会各个方面评头论足。这一部分人群几乎都来自最为草根的群体，在现实社会中相对缺乏话语权，但是却能在网络空间中对舆论产生一定的影响。本文主要从以下四个方面来展开：研究背景、研究设计、研究发现和研究结论。

首先，我为大家介绍一下相关的研究背景。本文主要分析的是中国网络空间中的地缘政治话语。根据以往的研究经验可以知道，不同空间对其所产生的话语具有深远的影响。因此，在探讨中国网络话语之前，我们非常有必要先对中国网络的本质进行讨论。基于对过往相关研究的梳理，发现对中国网络的学术观点主要分为两种：自由主义观点和保守主义观点。自由主义观点强调网络技术对传统媒体单向信息传播的革命性影响。相关学者认为网络技术带来了非线性的信息传播模式，使得自下而上的声音尤其是来自草根群体的声音越来越多地出现在公共领域。因此，持自由主义观点的学者认为网络技术使得中国网络空间成为一个自由的、开放的空间。相反，保守主义观点不否认网络技术对社会交流方式带来的巨大影响，但是他们更加强调发生在网络空间里的审查和管制行为。例如，保守主义学者往往关注“封 IP”“删帖”“雇用水军对舆论进行引导”等行为。基于此，他们认为中国网络空间在很大程度上仍然受到特定势力的引导，因而认为中国网络空间仍然是相对比较闭塞的和不开放的。究竟中国的网络空间是受什么力量主导的？中国网络空间是开放的和自由的空间还是相对比较闭塞的和不开放的空间？本文将以新浪微博对恐怖主义和美国相关话题的讨论来进行剖析。

其次，在进入数据分析部分之前，我先简要地为大家介绍一下本文的研究设计。其主要分为两个方面：数据搜集和数据分析。本研究主要是基于批判地缘政治学的理论框架，因而强调文本和话语对地缘政治现象的再现和重塑。基于此，本文的数据主要来源于对《人民日报》和《南方周末》官方微博账号所发布微博的关键词搜索。以“恐怖主义”和“美国”为关键词，本文搜集了《人民日报》和《南方周末》官方微博所发布的相关微博内容，更为重要的是，本文还利用爬虫技术搜集了与这些微博相关的来自广大中国网民的相关评论进行分析。这些数据被抓取后，本文用 nvivo 质性分析软件对相关数据进行了处理。具体而言，本文用 nvivo 软件将相关微博和评论打散成为具有不同意义的小单元，便于进行规律性的总结和提炼。这些小的单元又被进一步凝练和概括成为更近抽象的概念，最后用以归纳中国网络话语对恐怖主义和美国的想象。

再次，本文将较为详尽地对通过上述方法搜集到的数据分析的结果进行梳理。本文总共摘取了《人民日报》官方微博相关的 35 条微博、《南方周末》官方微博相关的 16 条微博以及这些微博评论区所有的网络评论。基于 nvivo 软件对所搜集到的资料的分析，我们可以看到新浪微博中对恐怖主义和美国相关话题的讨论大致分为三种主要观点：反美观点、亲美观点和反体制观点（图 1）。

(1)新浪微博网络社区里最为主流的声音莫过于反美的舆论，如图 1 所示，将近 76%的网络评论与反美的立场息息相关。这些反美的舆论主要由七类分支话语构成。主要包括给支持美国的势力戴帽子和进行语言攻击。例如，大量的中国网民通过一些恶毒刻薄的语言来攻击美国或亲美势力，以此构建和凸显自身反美斗士的身份。这些词汇非常有意思，比如说“美分党”，这个词是用来谴责那些亲美的人，认为他们是收受了美国的贿赂；“美狗/洋狗/西狗”，用来形容那些像狗一样跪舔西方势力的人；“镁粉/哈美”，形容为美国的技术、文化所着迷的人；“汉奸”，指背叛了祖国，臣服于外来侵略者并反过来危害祖国的中国人；“美奴/西奴”，形容将美国或西方势力当作自己主人的人；以及“洗地党”，这一用语来源于一部中国电影《功夫》，这里特指那些替做坏事的人处理后续收尾工作的人。此外，还有部分网民将对恐怖主义和美国的立场用口号的形式喊出来。例如，“打倒美帝国主义！”“美帝亡我之心不死！”“毛主席的好学生拉登万岁！反美英雄拉登万岁！”等。还有部分中国网民则满脑子充斥着军事化的想象。大部分网民是没有军事经验的，但是他们却在网络空间向美国宣战。比如说，一位网名就这样评论道：“这个世界上没有真相，只有实力的较量。正如普京说的，俄罗斯只有两个同盟,俄罗斯陆军和俄罗斯海军。如果中国有数十艘航空母舰在四大洋上巡逻,美国媒体就根本不敢这么‘理性地’报道昆明火车站恐怖主义袭击这个事件。”他建议中国领导人应该向普京学习,对美国保持强硬态度。

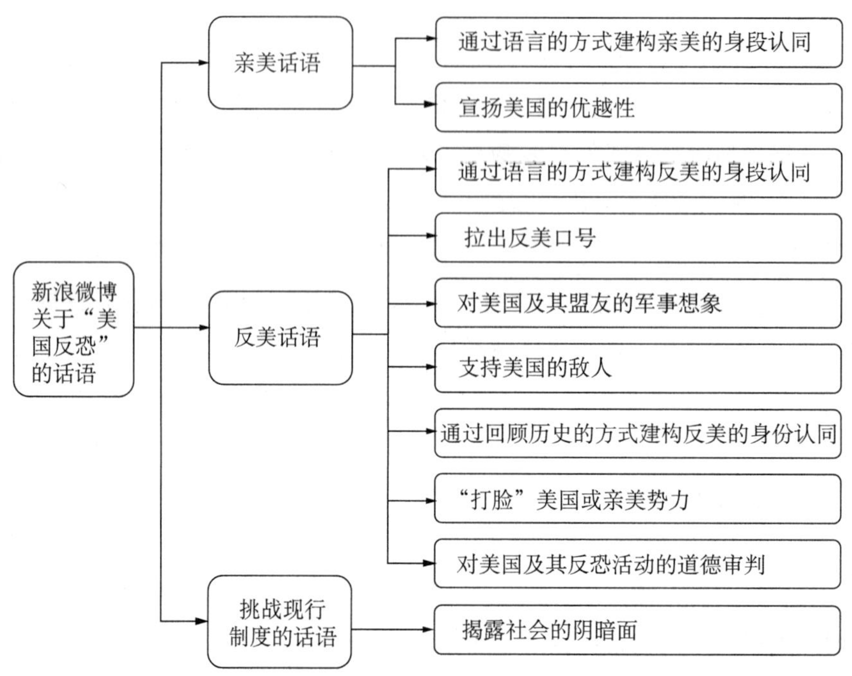

图1　新浪微博中恐怖主义和美国相关话题的 nvivo 话语树

此外,还有部分中国网民通过支持美国的敌对势力,甚至是恐怖分子来构建自身的反美立场。比如说,一些网民这样评论到:“美国是我们的敌人,敌人的敌人就是朋友,因此毫无疑问本·拉登也是我们的朋友!”一些人甚至说:“那些反对美国的人是全世界人民的英雄!本·拉登也是一位英雄!”还有一部分网民则是通过回顾中美紧张的历史事件来构建自身的反美身份。在网络中被经常引用到的此类历史事件主要包括美国轰炸中国驻南联盟大使馆、2001 年中美南海撞机事件等。除上述分支话语之外,中国网民还经常采用“打脸”的方式构建自身的反美身份。“打脸”是中国常用的网络用语,用于一个人犯了自己宣称不可能犯的错误并被其他人所揭露。由于“脸”在中国文化里有极其特殊的意义,几乎等同于名誉,所以打脸往往被认为是一种非常不礼貌的行为。正如一位网民的评论:“当美国遭到恐怖分子袭击时,美分党便迫不及待地跳出来要讲人权。然而当美国轰炸机将贫铀弹投向手无寸铁的平民时,他们口口声声提到的人权又去了哪里? 这不是在打自己‘美分党’的脸吗?”由上述分支话语的分析可知,中国网络空间里的反美话语主要是由中美大国对立,尤其是社会主义和资本主义意识形态的对立,以及中国民族主义情绪和中国独特的历史文化背景所主导。

(2)与传统媒体所表现的态度不同,中国网络话语里也呈现了一定程度的亲美舆论。如图1所示,大约15%的网络评论与亲美立场息息相关。这些亲美话语主要由两类分支话语构成,包括语言攻击和对美国社会优越性的赞扬。部分网民针对反美势力的语言攻击,同样使用一些恶毒的词汇来指代对方,给他们贴上标签,从而建立起亲美认同。这些标签主要包括五毛党、脑残、美喷、爱国贼等。此外,还有一部分网民热情地鼓吹美国的优越性,赞颂美国的价值观,如自由、开放、包容、人道主义等。从亲美的分支话语来看,中国网民对美国的地理想象不仅仅受中国的社会政治环境所影响。与此同时,这种想象在一定程度上还受到来自西方意识形态和社会价值观念的影响和主导。

(3)值得注意的是,除了上述舆论导向之外,还有一种舆论声音它超越了亲美和反美之争,也超越了对恐怖主义和美国相关话题的讨论。在本文中,这部分话语大约占到9%,我将这种声音定义为挑战现行体制的言论。这些网民将对恐怖主义与美国的理解和自身的经历联系起来,对这些概念进行了重新的解读甚至是定义。例如,一些网民这样表达自己的观点:“别整天为美国操心了! 中国还有那么多食品安全和环境污染问题,难道你们都看不到吗?!”一些网民甚至重新定义了“恐怖主义”的概念,并认为社区暴力、网络暴力也是恐怖主义行为的一种形式。这种舆论的出现在一定程度上体现了网络技术本身对话语权的解放,尤其是对自下而上和来自草根群体声音的解放和公共化。

最后,我想强调的是,在过往的研究中,我们往往过分注重某种单一力量,如政府、精英、媒体、流行文化、男性、女性等对地理想象和地缘政治话语的绝对影响。基于上述研究发现,我将在这个研究中提出一个新的概念——异质空间,它强调事物的地缘政治意义并不是单一驱动力或者单一要素在发挥作用,而是受到多种要素共同影响。如前文所述,中国网络空间既非绝对的自由和开放空间,亦非绝对的封闭和管制空间。通过上述反美、亲美和反体制言论及其驱动力的分析发现,中国的网络空间是这样的一种异质空间,无论是西方价值观还是非西方价值观,无论是爱国主义者还是无政府主义者,无论是精英阶层还是草根阶层,无论是区域利益的捍卫者还是挑战者,无论是在电脑屏幕前嚣张的“键盘侠”还是那些在正式场合发言的国家智囊,他们都自觉或不自觉地对地缘政治面貌产生了影响。

自 由 讨 论

主持人 Virginie MAMADOUH:非常感谢您对这个案例的研究。大家有问题吗?

胡志丁:我有一个问题,这个数据来自于网络,但是我们知道英国脱离欧洲的时候,开始采用全民公投的形式,第二天出来结果是英国真的脱离欧洲。所以你怎么看待数据的这种真实性问题?

AN Ning:我做这个研究设计的时候,也考虑到了这个数据的真实性问题。但是网络本身就是一种特别的现象,我有考虑到有人在你接受采访的时候,可能考虑到你是在参加一个很严肃的学术讨论,所以他会说出可能不是他内心真实想法的意见。但是当你在网络环境里面收集的数据,他觉得没有受到监视,会坦诚说出自己的想法。在网络看到极端的想法,这才是最恐怖的一件事情,这是做网络研究的意见。

Virginie MAMADOUH:非常感谢!我认为这个演讲很值得一听。我有一个问题,我认为人们实际的行为与在网络上的争论是有很大差别的。但也很感谢您展示了有关网络地缘政治空间的观点,这在西方看来也是有一定的创新。因此,研究中国的网络空间是非常重要的。但我还想听到更多的内容,包括中国网络环境的特殊性,对自由、监督等的看法,我希望在将来会有更多的讨论。

我很难对这个分会议有一个很好的总结,因为所有演讲嘉宾的研究方向都非常不同,这展现了政治地理学研究议题的多样性。围绕地缘政治,大家也探讨了方法论议题。再次感谢所有演讲嘉宾和提问的听众,也感谢来参加下午会议的每一个人,最后感谢传译人员出色地完成了任务!

第四部分

聚焦亚洲：边境/边界研究新进展

主 持 人：	Jussi LAINE	University of Eastern Finland
	Victor KONRAD	Carleton University
主题发言：	Victor KONRAD	Carleton University
	Akihiko TAKAGI	Kyushu University
	Lesley CROWE-DELANEY	Curtin University
	HUNG Po-Yi	National Taiwan University
	Sergey GOLUNOV	Kyushu University
	Jussi LAINE	University of Eastern Finland
	Martin van der VELDE	Radboud University Nijmegen
	Adriana DORFMAN	Universidade Federal do Rio Grande do Sul
	张　晶	解放军信息工程大学
	廖开怀	广州地理研究所
	黄杏瑜	中山大学

开放的边境与新兴的边境地区：
中国云南省与东南亚的边境的跨越与尺度重构

Victor KONRAD

(Carleton University)

主持人 Jussi LAINE：各位下午好！欢迎各位参加第四场会议。本场会议的主题是"关于亚洲边境的新动态"。我是主持人，很荣幸能为各位专家主持本场会议。我们今天的日程非常紧张，每隔 20 分钟就有一个演讲，所以希望所有的演讲嘉宾在演讲之前，都能够把演讲内容提前发到电脑上，同时也希望演讲之后能有少许问答时间，并且每个人都能够有相同的时间来阐述其论文。因为时间非常紧，所以我会给各位提示时间，如果您的时间到了，我会请您停下来。首先让我们热情地欢迎第一位演讲者，来自卡尔顿大学的 Victor KONRAD 教授，他论文的题目是"开放的边境与新兴的边境地区：中国云南省与东南亚的边境的跨越与尺度重构"。

Victor KONRAD：谢谢主持人！今天非常荣幸能来到这里做演讲，因为今天的时间并不是那么充分，我会很快地过一遍论文内容。实际上，这篇研究论文是以一年半前在云南发表的一篇文章为基础的，我想感谢云南师范大学所提供的支持和帮助。这篇论文的共同作者是云南师范大学的胡志丁博士，我们两人会在明年开展更多的研究，所以这是一个正在进行中的项目。

中国的边境通常被概念化为位于中国标志性的围墙，如长城之内。20 世纪 90 年代以前，中国的边境政策都是为了与外界保持一条明确的边界线。而在接下来的 25 年里，中国慢慢地开放了边境地区，包括开展跨境贸易和投入很多精力来促成跨境者之间的纽带。这一边境地区也出现了跨境移民，比如缅甸、越南有很多的劳工都跨越边界到云南省工作。

关于开放的边境与新兴的边境地区，中国从过去封闭的边境，演变为现在广泛的跨境交流，但这种演变是很难在短时间内追溯的。幸运的是，在中国和东南亚的边境地区，我们可以看到全球化和地方化这两股力量共同的深刻作用，这种作用让边境地区产生了巨大且快速的发展，地方和空间出现了实质性的变化。跨境行为是理解这一时期边境构造的关键。我们还可以看到关于跨境行为的层次结构的阐述，以及像动脉一样的廊道的发展。在管制、安全和可持续性方面，边境地区出现了地方流与全球流之间的尺度建构，涉及地方和少数民族机构，以及国家级和省级机关的监视和管控。因此，可以看出这一过程存在着众多不同尺度间的联系。我和胡志丁博士的研究涉及三个概念：第一，中国25年前封闭的边境地区；第二，在过去几十年间，边境地区的形成和转变；第三，中国和东南亚之间逐渐对外开放的边界。

云南省实际上是和东南亚紧密地结合在一起的。关于中国的边界、边界争端和跨境交流，我们可以看到，中国现在与13个国家接壤，与其中一些主要的邻国仍存在边境方面的争端，包括印度、巴基斯坦等国家，这是 Brunet-Jailly 的研究提出的。但我今天并不是来谈论边境争端的，我关注的是大量的边境贸易，它现在已成为中国边界关系的缩影。目前已经有很多关于边界关系中的新秩序的文献。以云南省为例，它和缅甸、越南、老挝等国家接壤，现在代表了中国进入东南亚的一个门户。之前很多学者对于云南和东南亚的边界问题进行了研究，其中研究得最多的可能是美国俄勒冈大学地理系的苏晓波教授。现在出现了新的经济地区主义和新的区域关系，我们正从经济的前沿转向一种例外状态。另外，我们也开始重新界定云南在中国和在东南亚的地位，边境地区作为一种财产、联结区域和过渡区域，在不断发展。

关于这一项目的理论思考和实证研究，指导云南跨境研究项目的问题是：通过这一案例研究，可以挖掘出关于全球化背景下边界如何运作和改变的哪些信息？这也是我最感兴趣的问题之一。除了理论前沿，边境地区的产生和演变是未被探索的领域。最主要的原因在于，我们很难在全球很多地方长期监控这种类型的演变，而且其他地区的演变并没有像本案例地一样如此迅速。云南在渗透性应急手段和演变且安全的边界之间有明显的平衡，同时还有明显的边境地区的形成。

以下是我所关注的一些理论上的思考。① 边境地区的产生和演变；② 文化在跨境互动和联系中所扮演的角色；③ 边境地区演变的空间多样性；④ 边界的流、管制、安全和可持续性的尺度建构和情境化。

主要的研究问题有四个。① 边境地区是如何产生的；② 少数民族在情境化和可持续化边境地区方面，扮演的是什么角色；③ 从地方到全球的流、管制、安全和可持续性是如何在边境地区被尺度化的；④ 是否有完结的或成熟的边境地区（即边境地区是否会在某一个时期达到一种成熟的状态）。

全球许多边界区域和边境地区是成熟的和高度发展的，如欧洲地区。但云南与缅甸、老挝和越南的边界是近期开放的，而且已经发生了快速的演变。可见，开放的边界已经促成了特定边界构造的发展和边境地区管理体制的明显演变。

关于这其中的力量和构造，有以下四方面。① 由中央政府所产生的自上而下的影响和联结;② 主要由少数民族所产生的自下而上的不满、抵抗和服从;③ 跨境行为和廊道中新兴的层级结构;④ 在新兴的层级结构的框架中,边界、边界地方和边界空间的尺度重构。

我主要关注三个与廊道紧密相连的过境站。第一个是河口县,以及连接越南河内与云南昆明的高速公路,这是一个极其重要的跨境通道。在这个廊道内,河口县扮演着重要角色,它是一个正式的过境站,每天早上八点钟都有非常壮观的仪式展演,你可以在 Youtube 网站上看到大量越南人涌过边界,他们会站成两排,一排人是带着货物的,另一排是没有行李的。当地还配有新空调等边界设施和免税区,但空调主要是提供给边界工作人员的。同时有大量的士、摩托车排成长队,载送越南人去工作。销售商在城市周边有自己的销售地。越南通行证中,还提供特别的边界通行证,以供每天跨越边界的人使用。通行证每天都会盖一个章,当通行证盖满时,就重新换一张新的。这种特殊的体系是为了将这些群体限制在边境地区范围内。这些群体不允许离开边境地区,因为还需要一个机器可读的通行证,这是一个很重要的考虑点。它附近有一个特殊的发展区域,是自由贸易区,而且还有这样一句俗语:“在河口县发生的一切就留在河口县。”因为它属于边境地区。

另外,边境地区最近的一个过境站在文山县,驾车 5 小时可以到达东部。在金水河镇这一过境站,驾车 3~4 小时就可以到达西部,可见这一边境地区已经相当重要。这里还提供了很多细节,但其中需要指出是,边境地区的边缘似乎出现了具有许多边境功能的廊道县,如前往昆明半途中的蒙自县,因此出现了逐渐外延的边境地区。

下面就不对磨憨展开一样的细节讨论,它是通过老挝前往越南的入口。景洪市在这里也扮演着重要的角色,这里都发展得比较成熟,有较多人口集聚,而且是少数民族文化的核心区,尤其是傣族文化。瑞丽以及通往曼德勒的公路,是第三个重要的廊道。一旦高速铁路和高速公路建成,这里估计会成为最大的过境站,这是唯一一个还没建成高速公路的站点,还差 15 公里左右的路段没修好。

因此,对于这些新兴的边境地区,需要思考以下的三个问题:① 边界的开放如何导致整个边境地区的发展;② 过境站如何成为廊道和入口;③ 边界如何实现尺度重构。

这是我在进行田野调查的时候绘制的示意图。下面是我前面提到的三个模式。① 在封闭的非正式边界时期:这一地区有强势的军事存在,而且很多以前的地点现在也保留下来了;贸易和转移主要集中在低级商品,或者非法的高级商品和服务;边境地区由非正式的边境互动行为来界定;这一地区是具有浓厚文化色彩的边境地区和缓冲区。② 对于新兴的边境地区:缓冲区不断地正式化;正式过境站开始萌发;非正式的过境站被限制于局部或是未经证实的,也就是说,它是在边缘地区移动的;过境站出现了初期的层级结构;地方化的边境地区在不断地发展;非正式的过境站在寻求空间秩序;这一时期也出现了文化的变迁,文化群体在跨境行为中所扮演的重要角色,也越来越被人们所认可。③ 对于开放的边界和扩张的边境地区：最重要的一点在于，边境地区的范围是在不断扩大，作为中间站点的县城，如保山和蒙自，现在都成为了廊道所途径的中间站点；文化在这一时期也具有重要的边境功能。

这一系列现象的刺激因素是基础设施的完善，公路、铁路、输油管、输水管和蜂窝通信出现了空前的扩张，廊道的发展聚焦于三条动脉，并建立了易获取水资源和矿产资源的连接。

对于边界之外的边境地方，以保山为例说明。以前的保山是一个小地方，位于前往与印度、缅甸、越南接壤的领土的陡峭半山腰上，而保山现在遍布着许多庞大的基础设施。

少数民族在情境化和可持续化边境地区中扮演着重要的角色，这也是我后面需要更深入研究的内容。我们会跟这一地区的少数民族居民进行更多的访谈，来分析在发展和延续这些跨境联接中，他们到底发挥着怎样的功能，以及他们在应对的过程中发生了什么变化。需要指出的是，一些少数民族会更积极地参与到跨境交流中，比如傣族、傈僳族和拉祜族，其他一些民族则较少参与到这一过程中。

下面是结论和研究展望。① 边境地区的演变，在一种尺度连续体上伴随着可辨别的结构、空间的复杂性和地方的差异性，这是一个非常重要的内容。② 空间和地方遇到了挑战，并衍生出了新的秩序，包括新的地位、复杂性和生存能力。③ 因此出现了廊道、特区和中心，昆明则是这其中的核心。④ 边境地区一直处于不断变动的过程中，并没有所谓完成的或成熟的边境地区。⑤ 在演变过程中的每一个时期，边境地区的文化对于边境地区的发展和延续扮演着重要的角色。

我们从中能够学习到以下三点内容。① 特定的文化是如何促进边境地区的演化的，为什么其他因素却不行呢？② 边境地区发展的阈限是什么，发展模式中存在的问题是什么？③ 为什么一些边境地区能够发生明显的演变，而其他地区却没有呢？

最后我们还需要意识到在全球化背景下，边境地区所出现的第三种地方，及其所具有的在管理工作和可持续性方面的责任。也就是说，我们需要意识到我们在这里所建设的是一种新秩序，而这种新秩序需要适应我们在该时期所管理的区域。

谢谢！

亚洲边境地区的新动态
——以日本石垣岛为例

Akihiko TAKAGI

(Kyushu University)

主持人 Jussi LAINE:非常感谢 Victor KONRAD 教授!下面一位演讲者是来自于日本九州大学的 Akihiko TAKAGI 教授,他分享的主题是"亚洲边境地区的新动态——以日本石垣岛为例"。

Akihiko TAKAGI:各位好!我发表的题目是"亚洲边境地区的新动态——以日本石垣岛为例"。石垣岛是日本的一个边境地区。

近期日本涌入了大量的外国游客,前往日本旅行的外国人人数目前已创历史新高。这种外国游客人数的增长主要源于亚洲国家的经济发展。除了日本,大多数东亚国家都出现了经济的飞速发展。这种趋势的其中一个特点就是,越来越多的外国游客选择乘船直接从亚洲国家进入日本西南部的边界岛。由于日本四周都是海,目前许多外国游客是选择搭乘飞机前往日本中部区域,如东京和京都。然而,亚洲国家的经济增长也直接提高了进入边缘边界地区的亚洲游客人数。这意味着前往日本的外国游客的旅游模式发生了变化,标志着亚洲国家的旅游发展进入了新的阶段。这也是我将发表题目定为"亚洲边境地区的新动态"的原因。今天我要跟大家分享石垣岛这一案例的研究。

在开始案例地分析之前,先给大家讲一下日本的外国游客情况。从入境外国游客和出境日本游客变化的概况可以看出三个特点。一是入境外国游客在去年超过了出境日本游客,达到了 2 000 万。二是显示了 2015 年前往日本的不同来源地游客所占的比例,比例最大的前四个来源地分别是中国大陆、韩国、中国台湾和香港,且这四者的游客人数加起来就占了总数的近 3/4。三是展示了不同口岸入境外国游客的人数变化,第一个是福冈市东部的博多,第二个是对马岛,一个靠近韩国的口岸,第三个则是靠近中国台湾的石垣岛。

下面是石垣岛的历史和地理信息。石垣岛离中国台湾仅 280 千米,主要的产业是农业和旅游业,其中农作物主要为甘蔗、菠萝和大米,游客总量则达到 110 万,旅游总收入则达到 6 000 万美元。1894～1895 年,台湾被日本占领。1917 年,八重山煤矿开始在西表岛运作,其中台湾人是主要的矿工。1935 年，在石垣岛开始种植菠萝。Tetsuo Shimamoto 先生是石垣岛居民，他出生于 1951 年，是第二代台湾人，他父母在“二战”前就开始在石垣岛种植菠萝。1945 年“二战”结束，日本投降。从 1952 年与日本签订和平条约之后，一直到 1972 年，石垣岛都托管于美国。1959 年，出现了针对菠萝种植业的促进法，这时期有大量来自中国台湾的女工人。1972 年，冲绳归还给日本，有 178 名台湾人获得了日本公民身份。1985 年，“台湾同乡之公墓”在石垣岛逐渐发展起来。1997 年，来自中国台湾的邮轮首次开放参观。

丽星邮轮于 1993 年在香港开始巡航服务，并于 1997 年开启从台湾到石垣岛的巡航服务，游客人数不断增加，在 2014 年达到 8 万人。

下面分享一下乘客问卷调查的结果。在所有的调查对象中，女性比例超过一半，达到了 61％；50～59 岁年龄段的调查对象占比最大，有 35.5％；53.8％的调查对象来自高雄；大部分乘客都是家庭成员组团来石垣岛；“想要体验邮轮之旅”是他们选择邮轮这一交通工具的主要原因；旅行同伴大多数都是家庭成员；多数都是第一次来石垣岛旅游；其中最满意的是石垣岛的风景，其他满意的内容还包括午餐和购物；旅行中满意的部分有川平湾、新鲜空气、优美的风景、美丽的沙滩和石灰岩洞，而不满意的部分有价格的昂贵、行程的短暂、交通的不便、纪念品商店的缺乏和观光行程的不惬意。

最后是几点结论。① 存在诸如文化隔阂、语言不通、行政应急滞后等问题；② 非营利组织为居民开设中国课程；③ 石垣岛市办事处在 2014 年雇用了一批会说汉语且精通事务的台湾人；④ 旅行社的变化：从地方代理到日本旅游局全球管理旅行社；⑤ 钓鱼岛争端影响了边境地区的和谐国际交流。

谢谢！

当代日本捕鱼作业的区域和边界
——一种传统的运用

Lesley CROWE-DELANEY

(Curtin University)

主持人 Jussi LAINE：非常感谢 Akihiko TAKAGI 教授！下一位嘉宾是来自科廷大学的 Lesley CROWE-DELANEY 教授，她演讲的题目是“当代日本捕鱼作业的区域和边界——一种传统的运用”。

Lesley CROWE-DELANEY：渔业全球化的国家引起了国际的关注，这些国家现在面临着很多问题，包括渔业权利、边界、资源和生活。我们知道，最近捕鱼业经历了一段低潮期，而像渔业这样的行业往往可以很好地反映有关边境、领土的一些问题，所以接下来我想谈一个日本的民间组织——渔业合作协会，这个协会在日本渔业中发挥了重大作用。

日本政府希望能够平衡当地的渔船和渔业资源，控制当地渔船数量，增加渔民数量，并为更多的渔民提供教育，同时加强对渔业产业和资源的安全保障。在 21 世纪，日本的渔业面临着一个非常紧迫的局面，即越来越多的广告宣传和推广活动让日本国内的消费需求不断增加，加之日本的很多区域都是以渔业作为经济基础的，他们本国的渔业资源目前远远不能满足国内的需求。由此，我想讨论三方面的内容：第一，日本的渔业合作协会的相关背景；第二，太平洋海域捕鱼业发展的现状研究；第三，分析现在日本的渔业合作协会，我也在这个方面获得了一些结论。

首先，日本的渔业合作协会的相关背景。日本的渔业合作协会具有多种职能，具体包括保护当地的渔业资源、为渔民提供安全保障、管理捕鱼活动的开展和深海捕鱼的相关问题等。在国际海域进行的远距离捕鱼活动由国家机构——日本渔业机构和私人渔业企业共同管理。渔业合作协会还和渔业管理组织一同负责最终将所有捕获的渔业资源供应到中央市场里面去，反过来，也帮助管理从中央市场到独立市场的资源分配系统。

我研究的案例都是 21 世纪早期的，日本渔业协会已经参与，甚至主导了日本的渔业资源分配。日本渔业协会的起源可以追溯到 1600 年前。一些学者认为，今天我们仍然可以看到过去日本捕鱼协会当初的组织和管理传统。日本的捕鱼业历史悠久，文化深厚。对传统捕鱼业和渔业资源的管理，如何推广他们的渔业产品，如何建立一个有效的体系来更好地参与到国际渔业的竞争中去，这都是日本需要考虑的问题。首先吸引我注意的是日本渔业合作协会在国际合作中所起的作用。作为一个民间组织，其对日本的国际关系起到了很大的影响。日本的捕鱼业大多分布在日本的西北海岸，是当地重要的经济来源。事实上，这与中国和韩国产生了一些冲突。我们知道，日本拥有一些岛屿和享受200千米的专属经济区。

第二部分，我想讨论一下太平洋上的一些岛国。根据传统，日本渔业的很多资源都是来源于太平洋上的马里亚纳海沟，所以他们特别关注这一地区的地理和政治权力。同时我们知道，日本的海岸常常会有很严重的自然灾害，比如台风和海啸，所以这个海沟对日本是非常重要的。如果我们快速地看一下之后的发展情况，就可以发现，在20世纪日本渔业还和其他几个太平洋岛国产生了联系。比如帕劳岛、马里亚纳岛、关岛等。日本对这些岛国的渔业、农业、旅游业和基础设施的建设都做出了很大的贡献，当然日本不是唯一一个建立此类联系的主体，来自美国、韩国和中国台湾的捕鱼人员，他们也会对当地岛国的首领们献殷勤，为了让自己可以更好地在其水域里捕鱼，以获取更多的渔业资源。这种现象发生于20世纪90年代到2000年初期，我们在这方面所进行的研究报告中，很多的研究都显示日本的远洋渔业资源，特别是在亚太地区，其组成结构是非常复杂的。实际上日本会和当地的法律、监管、官僚机构等非常紧密地联系到一起，这使得日本的远洋渔业成为一个很棘手的问题。

然而，目前的研究更多的是关注日本捕鱼合作协会的复杂性和其在国际海域的关系处理问题。我们知道日本有两个国家级的渔业协会，还有一些其他的机构非常关注当地的环境问题，比如海岸生态问题、可持续发展问题等。日本的科学家们也进行了小规模的渔业方面的研究，他们很关注日本渔业的可持续发展问题，也希望可以通过研究更好地帮助当地政府进行管理服务工作。而我主要是对日本捕鱼合作协会的背景和演化过程做了研究，从过去到现在，从学术界到国家战略，日本捕鱼合作协会都起到了很重要的作用。我也研究了日本捕鱼合作协会在草根阶层的构成及其对决策阶层发挥的作用。我今天上午和日本的教授也讨论过这个问题，我了解到在日本还有一个渔业咨询委员会，对日本的渔业政策也会产生非常重要的影响。

据此，我在日本的九州岛进行了一个案例研究，当地的渔业与韩国和中国建立了贸易联系，同时当地也发展了旅游行业。另一个案例研究是相邻的香美町。香美町是日本一个渔业很发达的地方，它的渔业经济非常成熟，有很多成体系的渔业产业链结构。在20世纪90年代，这里曾发生过一些污染事件，对渔业经济造成了不良影响，但最近几年有所好转。现在，有越来越多的人到日本旅游，这大大促进了日本的旅游业发展，使得当地的产业更加多元化，而不只是依赖渔业。当地旅游业的发展情况在很大程度上是由捕鱼合作协会决定的，渔业协会的会长退休以后成为了旅游协会的会长，他对旅游业的发展有很大的影响。这就是日本渔业合作协会的一个组织架构。他们的协会成员是通过选举产生的，每个成员代表不同的渔场，通常还有两个政府的成员，也会有一些独立的成员在决策过程中起到平衡权力的作用。个体的非成员和协会的成员进行互动，共同参与决策，最终通过层层选举形成了日本渔业协会这一国家层级的协会。

还有一个协会是日本吞拿鱼合作协会，这也是一个比较有影响力的日本渔业协会。渔业内部还会有一些竞赛活动，用来保持产业的活力和竞争力。因为渔业是一个很重要的产业，所以日本的渔业组织在国家层面的决策中都拥有非常重要的地位，包括外交政策在内的国家决策都有举足轻重的作用。其实，渔业在日本还是比较保守的产业。从过去到现在，捕鱼合作协会的成员从 100 多人扩张到了 700 多人，这个产业还在不断地扩大，但是并没有集中化的趋势。在 2015 年曾出现了一些兼并的现象，但目前还是有几百位协会成员。不过，大部分成员的收入是处于亏损状态的，所以有些人认为这些渔业协会扮演的角色可能有负面影响，需要进行改革，或者采取更多的科学改良的技术去改善产业和勘测方式。这些问题与在法国和英国遇到的问题有相似之处，在国际学术界也引起了对于日本渔业研究的兴趣。大家都很感兴趣的话题包括渔业协会以后应该如何发展、它的机制应该如何改善、他们的政治权力、对国家层面决策的影响力、对旅游业具有的较大影响力、这些问题应该如何具体地解释等。

这就是我的演讲内容，谢谢！

从军人到农民：
国民党在泰国北部领域化的政治地理研究

HUNG Po-Yi

（台湾大学）

主持人 Jussi LAINE：非常感谢 Crowe-Delaney LESLEY 女士！这是一个非常有趣的演讲内容。下面是第四个演讲，有请来自中国台湾大学的演讲嘉宾 HUNG Po-Yi，他演讲的题目是“从军人到农民：国民党在泰国北部领域化的政治地理研究”。

HUNG Po-Yi：各位下午好！很荣幸可以在此介绍我的研究，我是台湾大学的助理教授。今天我演讲的题目是“从军人到农民：国民党在泰国北部领域化的政治地理研究”，这篇文章的共同作者是来自威斯康星大学的 Ian Baird 教授。这个研究也是我正在进行的项目之一，另外，我刚刚从《政治地理学》的编辑那里得知，这篇论文会修改后刊出，这对我来说是一个好消息。

PPT 上展示的是我演讲的提纲。今天我想首先简单介绍一下泰国北部的地貌条件，同时简单解释一下为什么很多中国人，特别是云南人会在泰国这个区域生活。然后，我会讲一下从中国台湾到泰国北部的农业转变，由于无法说明当地的各种农业形式，所以我选择茶叶种植来说明这一过程。具体有两个方面：第一，我将茶叶视为一种移植作物，其显示出茶叶生产的转变也是泰国政府加强其对边境区域控制的一种政治行为；第二，我将茶叶视为一种经济作物，通过茶叶，泰国北部边境连接了市场经济，特别是亚洲东部和东北部的区域茶叶市场。需要说明的是，我认为这两个方面不是两个相互独立的过程，而是两个相互加强、相互作用的过程。最后，我将给出我的结论。

包括我自己在内的很多人，对所谓的“金三角”的第一印象是鸦片生产。事实上，金三角——泰国、缅甸、老挝的交界区域目前仍然是主要的罂粟产地之一。但是现在罂粟的生产中心位于缅甸，而不是泰国。那么，如果罂粟种植在泰国北部几乎全部消失，则现在泰国北部的边境是怎样的景观呢？让我们接着往下看。

这一部分讲的是今天的泰国北部。大部分土地都是用来种植经济作物的，比如茶叶、咖啡、水果等。有趣的是，这里很多种植者和生意人都是中国人，特别是云南人。这是为什么呢?

这需要追溯到20世纪发生在中国共产党和国民党之间的中国内战。1949年国民党战败之后,一部分国民党的军人——他们大部分是云南人——从云南撤退到了缅甸,之后又从缅甸到达了泰国北部。国民党撤退到了台湾岛并成了台湾的“执政党”。在这里我们可以看到,有些云南军人举着台湾旗帜,上面的中文写着“反共”。但是这些云南军人当时还是军人吗?

如今这些国民党军人放下武器,成为了农民,他们种植茶、咖啡和水果。他们中有些人开始经商,甚至在经营大公司,其中主要是做茶叶生意。现在,泰国北部成为了泰国主要的茶叶产地。我的研究试图去解释这些中国军人从过去转变为现在的泰国农民的过程,而我的问题是,在这个过程中,农业起到了怎样的作用?这个表面上的农业化过程实际上是一个政治过程,泰国政府通过这一方法来保障其边界安全,并让其成为区域市场经济的枢纽。在这里,我会通过茶叶来具体说明这一过程。

接下来讲解一下云南人的村庄在泰国北部边境地区的分布情况,他们主要分布在边界沿线或者靠近边界的地方。我的研究主要在三个地点,分别是Phayapral、Mae Salong和Wawl。这三个地方都位于泰国北部的清迈省内。事实上,包括茶在内的泰国北部的农作物大部分都是由中国台湾引进的。这背后也是一个政治的过程,稍后有时间我会再解释一下。

在这里,茶叶是一个中介,它将原本混沌的边界景观变成了清晰的领域划分。边界地区有三种不同的景观。首先是森林,然后是中部的刀耕火种,而山的底部是种植茶的区域。在从中国台湾引入这些茶之前,泰国北部主要是森林和刀耕火种,也没有具体的区位和产权管理。但茶是不一样的,茶的种植有法律规定的所有权概念和严格的区位划分。我们可以从两个部分去研究茶:首先,从中国台湾引进的这些茶,对泰国政府来说是很重要的,因其是用来加强边境管理的要素;其次,作为一种经济作为,茶将泰国边界区域和变化的市场经济连接了起来。为什么呢?我们先从作为移植作物的茶说起。茶作为一种移植作物,它在将泰国北部边境从一个无序的战争多发地带变成有序的茶叶种植地的过程中起到了非常重要的作用。在茶和其他作物从中国台湾移植过来之前,泰国北部是一片不太受泰国政府管辖的战乱之地。这主要有两方面的原因:一是毒品交易的黑市,二是遍布的武装组织。来到这里的国民党士兵二者都参与了。正如之前所提到的,这些云南士兵和撤退到中国台湾的国民党之间有很深的渊源,因此泰国政府曾经要求中国台湾国民党“政府”来处理这些士兵。另外,中国台湾国民党“政府”和泰国于1975年结束了外交关系。之后中国台湾的国民党“政府”开始转而采取一些其他的非官方途径向泰国提供农业帮助。因此,中国台湾的国民党积极参与了“泰国皇家计划”,来帮助泰国的政方清除北泰地区鸦片的种植,代之以经济作物。从20世纪80年代开始,在中国台湾成立的“中华救济协会”向泰国北部地区派送了很多专家，给那里的前国民党老兵们和其后代提供农业方面的技术和知识支持。在那个时期，包括水果和茶在内的很多经济作物从中国台湾移植到了泰国北部。首先他们需要砍伐森林以种植茶树，同时修筑水站来保证茶树生长所需的水源供应。另外，他们也建了很多的道路，用来便于人员进出和茶的运输。因此，我认为，作为移植作物的茶，将泰国北部边界地区从原本无序的战乱之地，变为了有序的茶叶种植区。一方面，大量的森林转变为茶园后，增强了地表景观的可见度，以便于人们种植经济作物。另一方面，泰国政府在测量每户的茶叶种植面积的过程中，掌握了大量详细的土地信息。比如，泰国政府对于到底哪家农户在哪个地方可以种植多少茶，都有非常清晰的记录。同时，泰国政府掌握了当地的收益信息以安排税收。这些信息加上道路、水站等建筑设施，让原本的边境地区变得更加可见、可知、可控。农业的转变在这里的确是一个政治地理过程，在这个过程中泰国政府加强了对北部人群和土地的控制，也强化了泰国政府的主权。不管怎样，这个政治地理过程为当地的云南人打开了通向市场经济的大门。

现在，我们了解了茶作为移植作物的政治作用。然而，茶同时也作为一种经济作物，将泰国北部的边境区域和市场经济连接了起来。可以从两个方面来解释这一点：不断变化的"台湾风格"乌龙茶和新兴的"泰国风格"乌龙茶。通过了解台湾乌龙茶市场过去40年的变化情况，我们发现台湾所进口的茶，大部分是乌龙茶，呈现出大幅度的增长。这一方面是因为台湾当地以乌龙茶为原料的泡泡茶的消费不断增加，这就意味着台湾本地所出产的茶不能够满足当地日益增长的消费需求，他们不得不从海外来进口茶，特别是乌龙茶。然而，如今大部分的台湾茶商们不愿意继续从泰国进口乌龙茶了，他们可以从越南以更低的价格进口台式乌龙茶。这样的话，这些云南老兵突然失去了主要的台湾乌龙茶市场，这迫使他们开始去生产自己的泰式乌龙茶以进一步参与到市场经济中，同时也使得泰国北部边境地区成为主要的原料地。

他们的应对措施可以分为三个方面：资源整合，重新审视中国市场和有机产品的认证。其一，当地茶农开始合并生产单位，整合生产资源，通过缩小原有的家庭生产体系，在降低成本的同时扩大生产规模。其二，他们积极地开拓中国的市场。随着台湾和大陆政治关系的缓和，这些云南籍的老兵们，特别是年轻的一代人，慢慢减少了对台湾市场的依赖，开始迎合日益兴旺的大陆市场。很多茶农都创立了自己的品牌来吸引大陆市场。其三，这些泰国的云南茶农的雄心壮志不仅仅局限于中国台湾和大陆，他们希望可以通过获得机构认证，来打入欧洲和北美的国际市场。他们还希望可以通过发展休闲农业来促进泰北旅游业的发展。从这个方面来看，"绿色产业"正在当地云南籍社区中新兴发展。

最后是我的结论，通过我刚才所讲的故事，这个将国民党老兵变为泰国农民的过程，实际上就是一个领域化的过程。在此基础上，我认为，领域化既是一个政治过程，也是一个经济过程。茶,或者说农业,则是这一过程的物质化体现。我将茶视为让这一灰色地带变为合法区域的重要媒介,在这里茶具有两种身份,它一方面是一种移植作物,另一方面也是一种经济作物。作为移植植物,茶具有政治作用,它帮助政府将原本混沌的边界景观变成了清晰的国家领域,而这一过程是为了维持边境秩序。作为经济作物的茶叶促成了经济上的去领域化和再领域化,将清晰的边境领域转变成了一个资源丰富的市场,让泰国北部的边界地区更好地参与到市场经济中去。同时通过生产资源的重新分配,改善了当地人的生活。

我的研究报告得到了下列组织积极的支持,接下来我想为我的论文打一个小小的广告。我的新书不仅仅介绍了泰国北部的茶业,也包含了中国南部云南地区的边境问题,其中谈到了有关当地的少数民族和普洱茶的情况。我会在北京 IGU 大会上进一步阐述我的研究成果,如果您有机会来到北京并对我的研究感兴趣的话,我愿意为您进行详细的讲述。

谢谢大家!

俄国游客视角下的亚洲国家边境与移民体制

Sergey GOLUNOV

(Kyushu University)

主持人 Jussi LAINE:非常感谢洪教授的精彩演讲,他为我们详细叙述了政治边界是如何发生改变的。我们在茶歇之前还有一位嘉宾,他来自于日本的九州大学,他演讲题目是"俄国游客视角下的亚洲国家边境与移民体制"。接下来让我们欢迎演讲嘉宾。

Sergey GOLUNOV:感谢会议组织者对我的邀请。这些是我非常想要探讨的问题,就像Balibar所说:边界"对每个人都有不同的含义",给不同的跨边界者提供了"不同的法律约束、行政管理、公安和基本权利"。游客通常会得到政府和移民机构赋予的特权,因此,通过游客的体验来测试边界,实际上意味着测试国界的"受欢迎模式"。相对应地,通过测试非常规移民的体验,就意味着相反的情况。从护照的有效性来讲,俄罗斯人所持护照的流动性排名是居于中游的。因此,很多亚洲国家的边界都进行了全球范围内的青睐测试,测试者是在签证自由权力方面拥有"平均水平"护照的旅客。

先从过境者在面对边界障碍时的选择说起。第一个选择是服从,这表示旅客会努力学习所有的手续,并执行相关的"通过仪式",包括分隔、限制和注册。但是有的时候服从并不容易。有些要求过于严格,或者模糊不清、不符合人的切身利益,故在某些情况下很难去服从。而执行这一仪式的人拥有过大的权力去决定谁是合格的,而谁不可以通过。第二个选择是对话。过境者试图通过与"边界守护者"进行沟通来增强自身的权益。这种相互交流的形式有:反馈、演讲、请愿、会面、通过中介机构等。在过境者缺乏组织的情况下,他们往往很难通过这种方式去伸张权益,尤其是在"边界守护者"拥有太多权力去避免交流或者直接压制对手。因此,所有的领事馆官员和其他官员都超负荷了,他们对处理反馈意见通常没有兴趣。第三个是签证制度的再组织。在边界的问题上,我将"再组织"定义为:根据边界政权自身的需要,在不挑战其原有基础的情况下,通过结合法律和法律之外的手段去进行合理的改造。最后一个选择是抵抗。它指的是过境者私下不再尊重边界政权,公开反抗那些维护它的人,或者用暴力比如起义和非暴力比如无边界活动的方式去否认其合法性。

现在进入下一个内容。在亚洲,不同的国家有不同的签证政策,其大概分为三个等级。

第一种签证政策是最保守的，第二种是相对而言限制性比较强的签证政策，第三种是相对来说比较开放的，对国外持更加包容态度的国家。通过俄罗斯游客的视角看各个国家的签证政策。首先俄罗斯游客去的最多的是持保守签证政策的国家，每年大约有超过 100 万的俄罗斯游客到中国以及其他几个国家。对于第二种签证政策的国家，如缅甸和格鲁吉亚，每年大概有 100 万的俄罗斯游客到这个地方。大概每年有十几万俄罗斯人会去蒙古。大概有 5 万～10万的俄罗斯游客会去日本、东南亚、印度尼西亚这些地方。各个国家对俄罗斯游客采取不同的签证制度。第一类国家比较欢迎俄罗斯的游客，签证比较方便。第二类的相对来说对俄罗斯游客的签证制度没有那么宽松了，这些国家是有电子签证的。中国和新加坡对俄罗斯的游客有比较灵活的签证制度安排。第三类国家对俄罗斯游客就限制得比较严格。最后一类国家，包括叙利亚在内，因为战争和其他的政治原因对俄罗斯游客限制得很严格，不太容易进入。

下面主要谈一下网络上的在线旅游社区。游客是过境者中最没有组织的一类，他们通常没有能力彼此形成稳定的联系，或者与官方组织形成一个沟通机制。随着互联网的发展，特别是互联网 2.0，让跨境游客有了更高效的交流方式以实现彼此联系，从而减少了组织出游的成本。2000 年，Brown 和 Duguid 提出了一个概念：网络实践，即在互相不认识的情况下，让人们通过网络去分享旅游的经历和攻略。Vinsky Forum 是俄罗斯规模最大、组织最好的在线旅游社区，共有 6 200 万条信息，其中亚洲板块就有 1 200 万条，还有 45 万用户。这个网站建立于 2005 年，后来也进行了一系列的调整和更新，并且规定了一些使用规则，比如说不登广告、不能偏题、不能有侮辱性和辱骂性的留言等。在这里形成了不成文的道德规范，一些不违法的小言论其实也是可以接受的，但是不能够出现严重的违法或者是刊登广告的行为，也不能做伤害其他人的事情。其中，最活跃、最有影响力的用户在很大程度上可以被认为是上层中产阶级的代表。

Vinsky Forum 用户之间有关边界的交流主要具有以下几个类型。第一个是咨询。咨询怎么样可以合法地出境旅游，包括怎么填表和怎么去申请材料。第二个是确定跨境旅游的程序和线路。有没有资格申请进入这些国家，以及有没有可行的交通方案。第三个作用是给游客与官方组织之间的交流提供了一个很好的渠道。第四个是一些用于隐藏跨境时不合法的小伎俩。第五个是测试新路线、新攻略和一些非常规的旅游体验的可行性。最后，论坛上的用户可以相互联络以共同维护游客权益。

以下是论坛上最常见的且与亚洲跨境旅游相关的问题。① 关于日本，大部分论坛的受访者都表示，俄罗斯人要想取得日本签证，必须在认证的日本旅游公司那里获得证明材料，而那些公司的收费都很昂贵。因为日本的中转签证不需要提供证明材料，一些人就想在去其他国家的过程中顺路去日本旅游，但是日本官方不接受这种做法，对于在中转站进行旅游的观光客,他们会取消其签证许可。② 在引入新的免签政策之前,去韩国和菲律宾所需要的邀请函都可以通过旅行社办理,而且费用不高。但是在当时通过这两个地方去美国、加拿大、日本、澳大利亚和新西兰则有很多的免签机会,因此很多游客会建议他人伪造或取消机票,通过这种方式进入韩国和菲律宾。论坛上尝试过的人都认为这是一个很安全的方法。后来这个问题被发现了,签证也就变得没那么容易了。③ 中国虽然也要求入境俄罗斯公民持有签证,但是存在很多的例外情况,比如说在中国进行中转再去其他地方。论坛上讨论的内容主要集中在如何利用打擦边球的方式进入中国。④ 2014 年年底实行电子签证的印度和 2014 年下半年实行免签的印度尼西亚,论坛上对于这两个国家的讨论集中在交通路线、伪造机票、订酒店、入关贿赂等攻略。这两个国家有很多不正式的限制,比如对未婚年轻女性的入境限制等。⑤ 对于泰国、越南、马来西亚等,俄罗斯对这些国家都是免签的。由于一些旅客想在签证过期的情况下合法地待在境外,大家会讨论“签证跑”和“边界跑”等做法。这两年,这些国家都严格了相关签证政策,而旅客们又在寻找新的政策漏洞。⑥ 还有很多人反映航空线路太有限。在乘客有资格进入免签的目的地国家时,有一些航空线路还是会拒绝俄罗斯游客。宿务太平洋航班和其他一些飞往新加坡和菲律宾的廉价航班在这方面臭名昭著。在论坛上,网友们就如何说服、施压或欺骗航空公司以及他们对“冒险”路线的体验进行了积极的讨论。⑦ 旅游信息网站的更新问题。由于 Timatic 是国际航空运输协会的官方数据库,其准入信息的录入对航班的影响甚至超过了目的地国家的相关规定。有时该网站更新太慢,则会影响到俄罗斯游客的出行。有时论坛的成员会鼓励对方去提醒 Timatic 相关的变动。这样的事例说明了论坛成员联合行动能力的提升。⑧ 这是一个很有趣的问题,很多人会讨论怎么把酒带到马尔代夫。从理论上来说,带酒到马尔代夫是明令禁止的,但实际上它是一个低风险的游戏,没有任何严重的惩罚(只会将酒临时扣押)。因此,论坛上很多人都在交流怎样可以偷偷地把酒带到马尔代夫,比如装在一个软饮的瓶子带过去,或者公开带一瓶酒分散海关人员的注意力,从而让走私的酒得以顺利过境。⑨ 从卡塔尔走出去。由于政治方面关系不好,卡塔尔没有给俄罗斯公民发放签证。但是,与此同时,因为卡塔尔航空公司在俄罗斯市场非常活跃,许多俄罗斯人通过卡塔尔过境。但是在机场,俄罗斯乘客不可以游览城市。论坛上有人发现,可以通过一个城市旅行券来摆脱这种边界控制。这个方法被发现后,很多论坛的参与者都成功地利用了这一技巧。⑩ 访问黎巴嫩、伊朗或其他伊斯兰国家。这些国家拒绝有以色列边境出入境记录的签证入境,但这种出入境记录是可以在机场自己掩盖的,或者有些签证是可以脱胶的。

现在进行一下总结。

第一,大部分亚洲国家对俄罗斯游客的开放程度都比较高,比如提供免签证、落地签证、电子签证等。只有少数亚洲国家会因为社会原因,如担心不守法的移民和违反秩序,或政治原因,比如不友好的关系和军事冲突,限制来自俄罗斯的游客。

第二,对俄罗斯游客的要求大多数并不严格,对于俄国游客的要求并不是非常严格或相当正式的,而且在很多时候都是顺从于入境者所提出的修订与调整。一些亚洲国家甚至对“办理签证”本身的要求都是相对宽松的。

第三,俄罗斯游客认为,亚洲国家在虚拟化和去领域化移民控制,比如实行电子签证、预先筛选航空公司等方面做出的努力成效甚微。迄今为止已经造成了很多问题和障碍。

第四,在大多数情况下,尽管许多亚洲国家都非常腐败,俄罗斯的游客不认为这是一个普遍现象。一般来说,边防官员比海关官员的腐败程度要轻,外国游客可以享受特权待遇。

第五,一些俄罗斯游客仍然面临着很多严重的问题,包括歧视现象、边界的腐败、被一些航空公司拒绝登机、烦琐的安全检查、网上签证申请系统的不作为、与目的地国家要求不符合等。

第六,Vinsky Forum 的例子表明,在线旅游社区可以让游客更好地遵守跨境法规,并参与到这些规定的改进当中去。

第七,尽管论坛的参与者联合行动的能力还比较差,但现有证据表明这种能力正处于平稳的提升过程中。

这就是我今天要的演讲内容,非常感谢!

自由讨论

主持人 Jussi LAINE:谢谢我们的演讲嘉宾！现在我们有一点儿时间供大家讨论，有问题吗?

嘉宾:我的问题是，刚才洪先生的演讲当中，您提到了那些来自于中国的国民党老兵最后变成了农民，那他们当中有女性吗？比如家眷。

HUNG Po-Yi:大部分女性都是和他们的军人丈夫长途跋涉过来的。很多国民党老兵在到达泰国的时候就已经结婚了，也有的人选择和当地的少数民族，比如阿卡族的女性结婚。这其中的情况比较复杂。另外，我作为男性，在当地大部分的调查对象也是男性，接触妇女的机会很少，所以对这方面的情况了解得不是很充分。

当代全球化背景下的边界和边界景观

Jussi LAINE

(University of Eastern Finland)

Jussi Laine:谢谢各位再次地回到我们的第四会场。我是Jussi Laine,来自东芬兰大学。今天我演讲的主题是"当代全球化背景下的边界和边界景观",我要谈的内容可能会稍稍地偏理论和抽象,所以我也会讲一些实证的例子。同时我会提出一些自己理论上的理解来和大家分享,比如我对边境的一些想法和概念认识。希望我今天的演讲内容对您的工作或研究有帮助。我研究的是国家边界,这属于政治地理学的范畴。我是一个地理学家,我现在的职称是东芬兰大学多学科边界研究的助理教授,所以我试图从政治地理学的角度去研究边界。边界是一个非常复杂的现象,政治地理学可能是解读其的途径之一。

政治的边界非常重要,这一点毋庸置疑。政治边界不仅仅只是关于政治,它有更为复杂和广泛的意义。我们可以发现,边界有两种截然不同的状态,一方面它的复杂性更高,另一方面,边界的差异性也变得越来越明显。因此,边界不仅仅是政治的,还包含着微妙的社会文化过程,是网络的、跨国主义的、跨界的和协商的结果。

边境已经存在很久了,而且未来还会一直存在。过去,边境关乎国家权力和主权,但是随着时间流逝,其所扮演的角色正在发生转变:"我们"是谁,"他们"是谁,在边界另一边的是什么,边界标示出了领土身份,也会影响我们审视自己的国家和邻国的方式。边界在很多地方都扮演着重要的角色,包括差异的形成、领域的认同、地缘政治视野、符号与心理表达、社会结构和政治行为等。还有一些东西可能没有提到,但是这不代表它本身不重要,事实上在很多情况下它也非常重要。我认为,提起边界的时候,我们需要牢记边界是人类社会中的重要内容。边界与权力紧密相关,但并不仅仅只是关于国家主权。

边界在社会中被用来进行分类,根据人们所属的民族、文化、政治和社会团体等级进行分类。决定这种划分标准的权力是社会秩序形成过程中的一个非常重要的因素,这种权力也影响到了边界的形成。谁拥有这种权力?谁在边界的另一边?这里是一些边界的例子。我们知道,在很多情况下精英阶层才拥有权力,才能决定谁属于边界的哪一边。或者是在边界的解构过程中,我们发现边界也是在不断变化着的。这究竟意味着什么呢?近年来在边界方面也面对一些挑战。边界往往与歧视、社会不公联系在一起的。边界的透明程度是不均匀的，具体取决于一个人的出身、公民身份、物质水平和社会职业等级。同一个边界线对一部分人来说是不可跨越的阻碍，对另一部分却是完全开放的。其次，边界的世界体系也体现出了全球南北地区的不平等和贫富差距，全球化的过程实际上也需要不平等现象的存在，这也是为什么全球化也意味着民族主义的运作。最后还有一个"出生定律"，一个人的出生地会决定一个人在世界上流动的难易程度。一个人出生在边界的哪一边，会最终决定其在穿越边界时持有的是哪个国家的护照。

我们一直有在使用一些地图。例如，有的政治地图显示出了一种非常理想化的联结，这种民族国家概念之间的联结是不容置疑的。这种联结把边界地区未概念化的领域、公民和文化紧密联系在一起。当然这里也会和时间、空间产生很大的关系，在我所在的区域，人们到底处于哪个地方，到底是属于哪个国家。所谓的皇帝、统治者等，都是由边界衍生出来的。

我想说的是，像这样非常简化的地图，在很多方面都很实用，事实上它会影响到人们的现实生活。如果我们每天都看到这样的一张地图，慢慢地你就会相信，这就是欧洲的地图，欧洲的世界就是这样子的。这种想法很自然就产生了，你也对此也不会有任何的质疑。同时，我也认为，这种简单的地图投影会给地理学带来一种固定的、计量化的研究方向。我本人也在这方面做了很多研究，我阅读了很多文章，其中大多是关于欧洲和俄罗斯之间的合作、人与人之间的合作、其他跨境合作等。我花费了很多年的时间去理解这种跨境合作。

那么，到底什么是边界呢？除了这些线条以外，边界到底意味着什么。我在这里提到了"真实"的世界，这里的"真实"我特意标记了出来。什么是真实的呢？真实的世界，既不是自然的也不是社会的，事实上它只知道几条死板的线条。自然中和社会中的边界很多情况下都是不断变化的，空间的某种特性和功能会逐渐被另一种所取代。我同样会思考，政治的边界也是同样的情况，当你到达一个边界，并不是说再向前多走一步，所有的事情都会跟着改变。但是边界的影响，即使是政治意识上的影响，也是往两边的社会扩散的。就像 van Houtum 所说的，世界政治地图是政治精英的一种体现形式，只是很多人都没有意识到，或是没有将他们自己和这种固化思维联系到一起。举个例子，如今有很多国家并没有完全掌握自己领土的控制权，也有很多群体没有对于国家和社会的归属感，他们不知道自己究竟属于哪个国家。

因时间有限，我继续讲下面的内容。我想描述的边界是复杂的、多元化的，在不同人的视角下呈现出不同的特点。实际上，边界是在连续的变化中的，但这并不意味着它是从一种形式转换成另一种形式的，而是指其内涵变得越来越丰富。很多学者都有类似的观点，比如 Balibar 认为，边界已经从简单的划分国家民族扩展到全社会了；Sidaway 认为，边界的不同特性取决于人们不同的观察视角；而 Salter 指出，相对于其他人，边界对一部分人来说更容易通过。边界不是实质性的，而是结构性的、实体的，在不同的情况下会产生不同的效果。

Piliavsky表示,边界是围合的,也是联系的;既是便利的,也是分隔的;既是鼓励流动的,也是阻碍流动的。Rumford曾作出很好的评价,他认为,边界不仅仅是国家之间的事务,有很多其他的力量都参与到了边界的产生和重构过程中。边界不是规定好的,而是在不断演变着的。最终的结果,连同整个过程,都是在不断地实践、呈现、生产和再生产。这不是一个稳定的过程,而是在不断地演变着的。

现在,边界所包含的内容越来越丰富,边界的概念也变得越来越复杂。有人会问,边界概念的"边界"在哪里?或者说它是"无边界"的?Johnson认为,政治地理学对边界的理解日益宽泛,以至于模糊了边界本身的含义。正如Balibar所言,如果边界的确无处不在,那么是不是任何事物都可以成为边界呢?我们是否真的在讨论边界?还是说我们需要一个新的概念?如果任何事物都可以成为边界,那这会终结我们所知道的边界研究。对此我也没有答案。

刚刚我们已经讨论了"边界",现在我要讲一下有关"边界景观"的问题。因为边界的概念日益复杂,我们需要一些工具去解读它。如果边界同时具有政治、社会、文化、情感和象征的含义,我们不能仅仅从某一个方面去研究它。比如,地理学可以解释很多,但是它不能解释边界的全部;历史学可以解释很多,但是它也不能解释边界的全部。诸如此类,都不能做到完全解释边界。因此,边界是一个不断构造的概念,在不断地演化过程中,这其中牵涉到很多有关形态方面的讨论,而不仅仅是和地形景观有关。最后说到边界景观,边界景观是和边界形成的方式紧密相关。同时,边界景观关注地区的政治边界,挑战其自上而下的地缘政治控制,试图从地方制度要求的阻碍中将地缘政治的想象解放出来。边界景观是一个工具,它可以帮助我们接近特定地理、社会环境下的边界形成过程。这可以帮助我们理解这一现象:为什么大部分边界,哪怕不是所有边界,在相同的全球环境、不同的地方环境中成长起来,最后却呈现出不同的结果。

边界景观试图解读边界和维持边界的系统之间的关系。这种包罗万象的对空间中边界的理解,同时专注于社会空间的多样性。在这种社会空间中,边界是由不同主体不断地讨论、协商、创造和再创造的,而不仅仅是空间。边界不应该被理所当然地视为专门用来连接不同国家领域的实体,而更是一种移动的、联系的、有争议的场所,是另一种边界想象,即"不只是一条线"。

总结一下,如果我们真的要去理解、诠释这个非常宏大的社会的、政治的概念,我们需要从一个全局性的角度出发,去理解边境,去解释广泛的社会政治变革。我们需要应用的方法,应该具有足够的灵活性,来让我们能够捕捉到当前边界的各种细微差别和维持、超越边界的全过程。我们需要重新思考边界,并且解构传统认识论的缝合处。这种缝合存在于接纳/排斥的政治过程,以及用来支持沟通的图像之间。边界和边界景观在我的整个发言过程中是紧密联系的，它们试图去挑战民族国家的排他性。我们应该连接各种社会政治转型的过程、观念转变和地方经验，并且使用理论和实证的工具去理解不同语境下边界更深层次的意义。

谢谢！

以门槛来行事：
流动性的政策与地理门槛

Martin van der VELDE

（Radboud University Nijmegen）

主持人 Victor KONRAD：感谢 Jussi！下面有请 Martin van der VELDE 教授。

Martin van der VELDE：谢谢主持人！今天我想在这个会场讨论的是一些我们已经发现的，或者正在进行的、用来理解流动性和不可流动性的思考和方法。

大家可能已经从相关的图片中了解到，最近在欧洲爆发的难民危机和非洲大量的难民现象，需要我们更多地去思考人口迁移政策和地理门槛的问题。我们今天仍然可以看到很多持续的不迁移现象，今天我想讲的是我们针对这个问题开展研究的方法论。我会先讲一下理论的部分，最后再结合实际经验。我们的方法主要应用于人口迁移问题，但是今天演讲会重点讲一下跨边界的迁移。这个研究方法关注的是移民或准移民的心理活动，在他们进行迁移之前，很可能需要克服一个"门槛"，这个门槛可能会造成他们迁移失败，或者直接选择不迁移。我们的研究是基于"门槛理论"的，这个理论在我的研究中应用得非常广泛。我们把其称为"门槛"，主要是针对国际人口流动性问题。人口在各国之间流动必须克服一些困难，包括意识和潜意识中的一些困难，你需要考虑留下的利弊和离开的利弊。

这里有三个所谓的门槛：第一个是迁移的意愿，第二个是潜在的目的地，第三个是迁移的轨道。这三者也就构成了迁移活动本身。人口的迁移是一个比较动态的结构，包括地理因素在内的很多社会文化因素都会在其中起到重要的作用，但是他们不是决定性的，问题的核心是人的主观意志。"路径"有可能影响到最终的迁移结果。同样，迁移的目的地也会影响到迁移的路径。在这个迁移过程中，首要的门槛就是心理门槛。这个门槛是人们认识上的，但是也在物理上和地理上的存在。这个门槛和其他门槛一样，都和移民的决策息息相关。情感上的因素可能是影响移民决定的首要因素，其次才是物质门槛和地理门槛。到目前为止，我们的移民研究有一个倾向，即试图去解释人们"为什么迁移"，但是忽略了人们"为什么不迁移"。有很多人其实已经具备移民倾向，但是出于种种原因并没有移民。为什么有些人会留在自己的祖国，去忍受贫穷和其他种种困难，这是不是不可理解？我们其实可以去了解一下背后的原因，比如离开这个国家要冒多大的风险？在很多时候，人的决策被认为是一个理性的决策，但其实移民有时候是一种像磁场一样的存在，并不是说其中的每个个体都在很主动、很有意识地去分析背后的种种利弊。因此，我们认为，人的心理门槛常常是在无意识的情况下被克服的，换句话说，跨国移民只是一个充满变数的选择。

在讲过心理门槛以后，我们进入下一个更熟悉的部分，也就是目的地门槛。这个人想去哪里？以及同样重要的另一个问题：他可以去哪里？所以这个地点的选择其实也是一个门槛，各种地理和社会因素都会在其中发挥作用。还有一个门槛就是迁移者的线路，包括法律上的障碍或者是可行性，或者是相对来说比较可行的移民方案，都需要纳入考量范围。对于合法移民来说，迁移路径是相对安全的。对非法移民，包括难民来说，有些人可能会采取阶段性的、渐进式的方法，从一个地方先到另一个地方，再向下一个目的地迁移，这些都是出于法律上的可行性的考虑。在这个过程中，他在不同地方停留的时间或长或短，常常需要根据门槛要求而改变自己的目的地。因此，迁移决策中的心理因素仍旧在门槛研究方法中占据关键地位。而这一点，我认为是经常在流动性和移民研究中被忽略的。还有一点需要强调的是，门槛研究方法的确包含了真实的空间移动。以上就是有关研究方法的部分，虽然比较简短，但是我希望自己准确表达了相关信息。

我演讲的第二个部分是一些经验基础。我本来准备讲五个例子，但是由于时间限制，我会尽量讲四个。这一部分会探讨迁移实践过程中不同的“冷漠”情况。第一个例子来自于我们2000年左右做过的一个小实验，内容是关于边界地区的劳动力市场搜索行为。我们可以从中观察人们心理方面的“冷漠情况”，以及是如何对人们的行为产生影响的。我们考察了是否有人愿意离开他们的出生地去到另外的地方。心理的影响实际上非常巨大。它可以说是无意识的，但却在整个决策过程中发挥重要的作用。在我刚才所提到的项目中，我们发现了四种不同情况的移民。第一种是潜在的跨边界者，他们并不是真的有必要去到边界的另一边，因为他们在自己的国家也有很多的就业机会。比如，从荷兰或者是德国的角度来讲，二者都有很多的机会，所以当他们考虑迁移到另外的国家时，这可能是一个无意识的行为。我认为第二类群体是非常重要的，他们是冷漠的求职者，他们会向往穿过边界，到另一个国家去寻找更好的工作机会。尽管出国存在着很多的困难，但他们一定会离开自己的国家。这个所谓的冷漠的门槛是和每个人的预期非常紧密相关的，或者说和他们获得信息的准确性和对未来的确定性有关。第三种和第四种就是大部分的普通劳工，他们是根据传闻的和事实上的冷漠者。实际上，从严格意义上讲，他们并不是漠不关心或者是冷漠的，他们在采取决策之前会仔细地考虑，到底应该采取什么样的决策对自己是更有利的，离开这些国家去到其他地方是否是最好的解决方案，这是一个非常合理的决策过程，所有决策都是依据于主观意志的选择。

第二个案例可以称为区位偏好，同样是依据一个短期的项目。我们在20世纪后期开展这个项目，就是在金融危机前后的时间，研究了混乱中的人口流动频次。其中一个指标向我们展示了，我们选择的 80％的研究对象都来自欧盟的 28 个成员国，所以研究的准确率有一定的保障。欧盟的 28 个成员国中，大约 3％的人口是居住在其他国家的。这个总体数据实际上是毋庸置疑的，这里有三个发现。第一，我们发现，拥有最高比例的外国移民的国家通常是一些人口很少的国家。第二，存在一种相对短距离的现象。就是地理位置相近的邻国在人口迁移过程中，存在相互倾斜的现象。第三，如果真的形成了较长距离的移民流，这其中往往会蕴含着一些历史和文化的原因，比如说语言因素等，使得移民更愿意去到相对来讲地理距离更远的国家。我的论文里有具体的例子可供参考。

第三个案例是“轨道”，具体的例子是难民的迁移路径。我们看到这些叙利亚的难民，他们本身对于区位的门槛是比较冷漠的，并没有非常在意。这也很好理解，因为他们必须要离开自己的国家。另外他们期待的目的地门槛也不一样，大部分的叙利亚难民愿意去德国。我们通过观察移民轨迹，可以发现几个不同的路径选择。其中一种是先经过利比亚，再坐船去意大利，这样他们就可以去不同的欧洲国家，并在当地寻求政治庇护。第二种选择就是去土耳其，先通过陆路再通过海路到达希腊。2015 年，因为利比亚的局势越来越危险，这个选择产生了分歧，难民会在陆路交通的基础上进一步决定选择哪个方式，或者走哪条路去欧洲。有的难民甚至会乘坐飞机去莫斯科，然后再从俄罗斯乘车去挪威。因为挪威有这样一个规定，如果你要进入挪威国境的话，不可以步行过去，一定要乘坐交通工具。有很多的国家，比如匈牙利，随着难民形势的恶化，在自己的国家竖立了很大的围栏来阻止移民跨越自己的国境。马其顿也采取了类似的措施，他们不愿意再去接受更多的移民，所以很多叙利亚难民就被滞留在了希腊。之后土耳其和欧盟国家通过签署协议达成了一致意见，答应帮助这些难民们去东南欧。但是我们可以看到，整个移民的路径已经发生了极大的变化。

第四个例子来自于东南亚。这个部分是在我的论文里面有所呈现。在这里我会跳过这个部分，直接来陈述我的研究结论。首先，我们知道，心理过程在移民活动当中发挥着非常重要的作用，而且这个心理过程是一直处于改变之中的。人口迁移绝不是简单的从 A 到 B 的移动，其中包含了很复杂的决策过程。第二点就是复杂的决策过程。一些潜在的移民必须要思考，自己迁移到其他国家到底有什么直接或者间接的益处，选择什么样的移民的路径等，这些都是非常重要的考虑因素。第三，有些移民实际上很难获得准确的信息，他们也不知道该如何去预测，尤其是对于很多非法移民的劳工，他们所获取的信息往往准确度更低。而当这些移民决定要去某一个目的地，而目的地的管辖者如果不采取合适的政策的话，可能会被这些难民的突然到来弄得措手不及。第四，我之前谈到了几个不同的门槛，这些门槛都具有重要的意义，实际上对于选取目的地位置或者决定是否移民等方面具有重大的影响。我刚刚谈到了第一个门槛叫作冷漠阈值，第二个是叫区位门槛，第三个是轨道门槛。瑞典现在成为了叙利亚难民非常向往的目的地。在此之前，德国非常欢迎来自叙利亚的移民，但是越来越多的难民让德国陷入了措手不及的状态。政府应该拥有自己合适的政策来更好地引导移民。从长期来讲，他们的心理、他们的冷漠和他们的区位门槛本身都是非常低的。对门槛和地方的认识是和区位偏好紧密相关的。

非常感谢各位倾听！

南美的去殖民化边界研究

Adriana DORFMAN

(Universidade Federal do Rio Grande do Sul)

主持人 Victor KONRAD：非常感谢我们的演讲嘉宾！下面有请 Adriana DORFMAN 教授。

Adriana DORFMAN：很荣幸可以和各位学者一起参加这个会场的讨论，我演讲的主题是“南美的去殖民化边界研究”。我们知道，边界的研究是和国家息息相关。我对边界的研究方法比较保守，事实上我在此不会讨论任何形式的边界，我想要讨论的是边界周围的地区、国际边界附近的本地活动等。这是一个很简短的摘要。首先，我想和大家分享一下“去殖民主义”这个概念和去殖民主义思想；其次，我想用很多例子来具体说一下边界地区的去殖民化作用，我们可以看到边界对于边缘化人群来说，是一种资源和逃避路径，同时，边界的去殖民化作用也会产生很多激进主义的现象。

首先，讲一下去殖民主义思想。这方面已经有了大量研究，相关的关键词就有殖民、反殖民、后殖民主义、后殖民地、去殖民主义、新殖民主义以及东方主义、西方主义和非洲主义等。我们很难将这些概念用一个定义去表达，但是这些概念想要表达的都是地方与人群的文化、经济和政治方面。这不仅是外貌的问题，其中有的地区和人群被认为是更加高级和发达的，有的则被认为是低级和落后的。这背后有很多历史的原因，包括各国之间权力不对等的关系、种族之间权力不对等的关系，殖民地主义就加剧了这些权力、知识和存在的生活条件各个方面的不对等。相关的研究都强调地区的差异，追求不同背景下的理论解读，这也是为什么会有东方主义、西方主义、非洲主义等名词去描述不同的情况与关系。有些人的流动性没那么强，他们没那么容易去进行跨国的活动。这是一个很有趣的现象，我们经常讨论西方和东方，但是在巴西，其本身就存在着不同阶级、种族之间的隔阂，而不只是东方和西方。另一个非常重要的方面是，在 2016 年，我们仍在讨论殖民问题。这背后反映一个强大的意识问题：即使世界上的大部分国家都不再被殖民了，还是存在一些近似殖民化的现象，人们还是以一种“殖民化”的方式生活。比如，在巴西就有这种情况。我们是欧洲人，但是如果你换一个角度来看，对于巴西人来说，我们的身份可能不是欧洲人，而是白人。这有一点儿复杂，南美洲的各个地方都很不一样，阿根廷的名字来源于银，巴西则是源于一种树的名字，还有巴拉圭、哥伦比亚，不同国家的特色都不一样，所以整个南美洲内部也存在着明显的分化。

如果我们将宏观的视角转换为微观的视角，近距离地去看待边界和边境问题，我们会发现，在一个建设中的现代国家内，边界仍然是与空地、未来、未经开垦但肥沃的土地联系在一起的。这可能和我们采用的方法有关。但是常见的观点是，中心地区的人仍然将边界视为边缘化的、充满污染和威胁的。在18世纪60年代，这里有许多贫民窟。而贫民窟，在拉丁语里面原来的意思是“房屋”，后来演变为“贫民窟”。现在，有的人否认那些地方之前是贫民窟，事实上在这里居住的人当时的社会地位是很低的。这都是殖民主义的一种体现。因此，就像我想展示出的那样，南美洲没有那么多空白的地方，但是殖民的想象忽略了这些本地人。我们仍然认为，这种情况不只出现在南美洲，而是在全世界都存在的。边界并不总是标示出“好”的地方，在人们看来，边界地区一般都是比较落后的、危险的地方。这和地理没有什么关系，事实上，边界是由中心主宰的。

南美洲本地人在树上标记美丽的图案，用来标记原始边界的，便于进行狩猎和采摘活动。

我们可以看一下南美洲的边境在过去的几十年里进行了比较大的演变。在这里有很多关于边界地带的“发现”，有多尺度的政治地理学研究，还有针对边界的局部尺度的“发现”。国家往往被认为是具有指示意义的，而边界只是附属物。边界作为对抗点在局部表示中被最小化了。国家边界是稳定的，但不是静止的，而是与人群的持续流动联系在一起。国际边界和社会底层人民息息相关。很多人认为边界是一种很好的资源，特别是一些边缘化的人，他们在国内的生活状况不太理想，就想跨越边界实现逃离。这是一种激进主义的行为。除了这些激进主义，在边界地区还有很多其他的活动，人们会为了不同的利益去利用边界。

在19世纪，巴西和其周围国家的边界有被黑人奴隶所利用。一些黑奴会从奴隶主那里逃走，跨越边境进入到相邻的共和国家。这种简单的跨境活动带来了很多变化，边界对黑人来说意味着自由。同样的事情发生在20世纪中期，对于在该区域遭受当权者政治压迫的人们来说，边界是他们逃离的方式和机遇。跨越边界可以离开某个特定的区域，但是人们往往不会去到很远的地方，他们只是穿越边界去摆脱某种麻烦。有一种情况很常见，即边界代表着机遇，吸引移民从或远或近的地方来到这里，他们希望可以通过边界来获得一种新的生活方式，比如更便宜的食物、更好的医疗条件和更广阔的工作市场等。还有一些情况在论文和报道中都很少提及。有很多人被称为是“边境人”，他们不一定是本地人，也不一定是移民者，因为边界提供的各种可能性，他们只是喜欢在边境地带聚居。如果有时间，我会给大家讲一下这几个红点代表的聚居地的故事。

这是论文的最后一个部分。我们可以总结出边界激进主义的四个战略用途：第一个是边界地区的公共服务策略，第二个是民族主义的一种工具，第三个是用作限制的战略用途，第四个是边界的公民管理。我们发现，很多时候人们进行跨境活动，只是因为边界另一边的服务比较好，或者是食物比较便宜。根据我对南美洲边界的研究和考察，我发现跨境活动的背后有很多的政治原因，人们开始去跨界寻求某种权益，这几乎成为一种常态。激进分子将这种寻求法律认同的行为描述为“行动、思考、合法化”，即不按照原本的方式进行活动。随着越来越多跨境行为的出现，边界也就不是那么清晰的一个概念了，是需要重新进行确认和定义的，边界资源的利用也需要重新认识。

有一个非常有趣的现象。很多局部的问题会在边界进行尺度调整，一些小问题都可以上升到国家层面。在边界有很多的人群和组织，他们会参与到边界活动中去。一些人会利用友谊桥来进行抗争，他们这么做是为了进行抗议，表示反对走私。他们自己也会尝试去封锁边境。我们可以发现，不同的群体都会选择到边界去表达自己的意愿，他们认为，在边界可以拥有最大的可见度。

就像我们在不同案例中看到的那样，边境的管理有不同的方法。我们知道，边界实际上是由不同的人群所构成的，但是我们并没有看到当地人民对边界管理产生很大的影响。有趣的是，对于我们讨论的这些案例，有的人会说，这仅仅是民主方面的问题。但是如果我们询问整个国家或者全体的人民要如何应对边境，很多人可能会说：建一个墙吧。因此，民众的参与事实上更是一个有关民主的问题。

边界的人们赋予了边界新的政治意义和用途。前奴隶、不同政见者、边界冒险家和边界居民组织会结合自己的经历和本地知识，并利用边界为自己的自由和需求而斗争。有趣的是，边界激进主义者会通过双重国籍身份，利用边界的优势或者从直接对抗中获利，目前他们已经在边界有了一席之地。

再次回到去殖民化的问题上，我们看到边界并非是没有人们去居住的，而是一直有人居住在那里，而且他们，也不具有威胁性和传染性。还有一点非常重要，我们的确提升了边界区域人群的意识，让他们了解到南美已经展开了民主化的进程。另外，资产证券化加深了国家内部的两极分化，我们会谴责边界地区，这种观点是不好的。因为我们希望能够为边界区域带来安定，减少当地的犯罪，我们会有很多新的方法去应对边界的问题，或者在有关边界的各方面开展创新活动。

谢谢！

地缘理论探究

张　晶

（解放军信息工程大学）

主持人 Victor KONRAD:我们的下一位演讲嘉宾是张晶女士，她的论文题目是“地缘理论探究”，有请张女士。

张晶:这里我想有个情况要说明一下，因为我给大会提供的英文论文的名字是 Research on Geoborder Theory。“geoborder”这个词可能给大家带来了一些误解，我的论文题目是“地缘理论探究”，而不是“边境探究”。地缘理论，我想是包含了地缘政治、地缘经济、地缘文化，还有地缘资源。这是一种具有普世指导意义的地缘理论，我想用一个英文单词来表达我的地缘理论，却一直不知道用什么单词好。后来我看到东北师范大学于国政教授有一篇论文里提到了地缘理论，用的是“geoborder theory”，所以我就引用了他的英文翻译。给大家带来了一些误解，我也很抱歉。在这里，我想跟大家分享一些我的想法，也希望各位专家和教授能够给我一些很好的建议，基于我所研究的内容，地缘理论如果用英文来翻译到底是用什么样的英文单词，因为我觉得用“geobordertheory”可能是不太合适的。

关于地缘经济、地缘政治、地缘文化，目前大家研究得都比较热，我想我提出来的想法在地缘领域研究方面能够具有一定普适指导意义。当然，地缘理论是非常大的，这里面我就以地缘理论的研究对象，就是地缘体，它的概念、类型和作用机理为例来探讨一下这方面的研究内容。

我汇报的内容主要有两个方面，一个是地缘理论的提出，还有一个就是主要研究内容。地缘一词最早出现于 19 世纪，在 19 世纪末 20 世纪初伴随着工业革命的发展而走向世界。发达国家为了控制全球更重要的地方，获取更为重要的资源和贸易，地缘就成为发达国家的战略目标。应此需求，以全球海陆分布和国家分布为研究视角，出现了马汉的海权论、麦金德的陆权论、斯皮克曼的边缘地带论、杜黑的空权论等为代表的地缘政治、地缘战略学说，成为许多国家制定全球战略、国家战略乃至军事战略的重要指导思想。

冷战时期，两大政治集团的对抗，使地缘政治、地缘战略研究得到了极大的发展。冷战结束后，伴随着苏联解体，地缘政治方面的斗争相对减弱。20 世纪末 21 世纪初，信息技术的快速发展，全球化和经济一体化的深入推进，使得世界格局研究的内容更为丰富多彩，相应地出现了地缘经济、地缘文化、地缘资源、地缘科技等领域。

地缘研究新领域的出现，多沿用地缘政治、地缘战略的研究视角和方法。由于人类社会活动是一个复杂的综合体，研究政治问题离不开经济、文化、科技等要素，同样研究经济也离不开政治、文化、科技等要素，文化、科技等要素亦是如此。这些领域的地缘研究有其特殊的内容，也有其共性的内容，研究视角和方法有其共同性。

因此需要更高层次的理论与方法来指导各种地缘领域的问题研究，由此具有普遍指导意义的地缘理论的研究与构建呼之欲出。地缘理论研究与构建的根本目标就是要建立一整套概念体系、分析思想、研究方法和研究手段，为解决实际问题提供指导。

地缘理论的核心内容之一是明确其研究对象，并对研究对象的概念、类型、特征、关系、变化规律等进行研究。这里我就以地缘理论的研究对象，即地缘体，它的概念、类型、属性、空间作用分析等研究内容进行分析。第一方面就是地缘体的概念和它的类型，这里又有一个新的名词是地缘体，指的是进行地缘问题研究的对象或实体。在英文翻译的时候，我曾思考了很久，不知道用什么单词来表示。我原来有一篇论文，里面用的是“geo-entity”，也不知道合不合适。这次提交的论文里面我是用了“geoborder unity”，这个意思不知道表达得是否准确。地缘体是进行地缘问题研究的对象或实体，是具有一定属性和空间特征的地域单元。剖析目前地缘政治、地缘经济、地缘文化、地缘科技等地缘领域的研究对象，其实体可能是国家、国家联盟、社会组织、经济组织、文化组织以及其他各种地理实体或地理单元，而每个实体常常具有政治、经济、文化、空间等属性。在各地缘研究领域，研究实体有相同的，如国家，现在在地缘研究领域我看到大部分都是以国家作为研究对象，作为地缘体的，后面也有一些以区域为研究对象的。综合来看，总体上较为凌乱，缺乏系统性，为此需要对这些研究对象进行梳理、归纳、提炼，建立完整系统的统一体系，为地缘理论构建奠定基础。

我简要地给出了地缘体初步类型体系的分类，当然这个是非常粗略的，还需要进一步地去细化。这里可以从三个角度区分地缘体的类型。第一个角度，从空间尺度可分为三个，第一个是全球尺度，如大洲、大洋和大的地理区；第二个是大区域尺度，如国家或地区，还有一些区域性组织；第三个尺度为进一步细化的国家或地区尺度，如行政区、经济区、文化区和民族区。第二个角度，从地缘体在地理上表现出来的几何形态，有集中型的地缘体，分散型地缘体还有穿孔型地缘体。第三个角度，从地缘体的实体属性上来分，有政治地缘体、经济地缘体、文化地缘体，还有军事地缘体、科技地缘体、资源地缘体。我们 19 日上午大会报告的时候，有一个学生张宏写的是能源地缘体。

在这方面也有一些专家和学者做了相应的一些研究。东北师范大学于国政教授曾经在 2005 年和 2007 年分别提出来要构建“地缘学”和“地缘地理学学科”这样的想法，在这里我们也看到他的两个学科的研究对象也包含了地缘体的研究，把地缘体分成了全球、大洲和国家三个尺度。解放军信息工程大学的陈健博士也提出了一种基于标准方差法的地缘环境单元划分方法，他把南亚作为一个大的地缘体之后，又具体从政治和军事这个单元去细分。例如，他把南亚再细分政治地缘体和军事地缘体，提出了一些指标来进行具体的细分。中国科学院地理科学与资源研究所的陈枫楠提出能源体系的地缘政治体分类，他从全球层面、政府层面、公司层面进行不同层次的地缘体的分类。

以上是地缘体的概念和它的类型，第二个研究内容就包含地缘体的空间及属性特征。一方面，空间特征可以反映在其位置和空间分布上。位置是反映地缘体价值的重要特征。其中相对位置是地缘作用研究的重点，不同的相对位置都是从不同角度或要素来考虑的，也往往因为地缘体处于某种特殊位置，因而具有极大的价值。地缘体在地理空间中的分布特点及规律，可用形状、范围等来表达。另一方面，地缘体具有属性特征。不同类型的地缘体具有不同的属性特征，其描述的指标也不同。国家是一个综合性质的地缘体，具有政府、政党、人口、民族、经济、交通、科技、对外政策等综合属性特点；经济组织的属性特征描述指标包括金融、资本、贸易、投资、知识产权、人力资源等；文化地缘体，如宗教区属性特征描述指标包括教规、信仰、历史、语言、习俗、禁忌、建筑、生活方式、思维方式、价值观念等。地缘体的属性特征反映了其自身所具有的作用力以及向外产生的辐射力。

这里也有相关学者的分析。云南师范大学胡志丁博士采用 AHP 决策分析和模糊综合评价的方法对南亚地缘环境进行了分析。他对南亚这样一个综合的地缘体进行分析的时候，分析了地缘体的一些属性特征，如地理环境的一些基础属性。然后，他对自然环境、人口经济环境还有社会文化环境进行了更具体、更详细的指标分析。另外，他还提出了地缘结构本身的地缘政治、军事结构、地缘经济结构等一些指标。同时，对于它们相互之间的关系，如地缘军事关系、地缘经济关系、地缘社会文化关系再进一步分析。

第三个研究内容就是地缘体的空间关系。地缘体空间关系指由地缘体的空间特征比如位置、形状等所决定的关系。主要有距离关系和拓扑关系。距离关系是基于地理位置的一种空间关系，反映了地缘体之间的几何接近程度。拓扑关系是一种不考虑度量和方位的空间关系，包括相离、相邻、相交、包含四种类型。地缘体空间关系在某种程度上反映了地缘体之间相互作用的范围和强度。

第四个研究内容就是地缘作用分析模型。研究分析地缘体空间关系及其描述、表达方式，分析地缘作用规律，构建地缘体作用力描述指标体系，建立地缘作用规律分析模型，是地缘理论研究的基础工作之一。

在这里，可以借助空间相互作用力学特征及规律，如作用力互馈原理、距离衰减原理等理论方法，并运用相关的统计方法如主成分分析法、层次分析法等进行系统分析，建立地缘体作用力分析模型。

东北师范大学陈才教授就提出地缘相互作用力构成，地缘相互作用力有离心式的扩散力、内心式吸引力、内源性驱动力、外部驱动力和地缘系统的耦合力。他从空间作用力的视角，提出了地缘经济关联作用引力模型。他也给出了具体的地缘经济关联度的指标选取，根据这些指标分析出了地缘经济关联作用引力模型，并以中南半岛为实证分析了中南半岛几个国家的经济关联度。云南师范大学的胡志丁博士在“权力、地缘环境、地缘位势评价”一文中提出了地缘位势评价模型，通过这样一种分析模型可以分析出地缘位势，也是在某一个地区的地缘作用。北京大学王淑芳基于权力理论、相互依赖理论，构建了地缘影响力模型。

以上就是我作的一些简要内容的分析和报告，敬请各位专家批评、指正。

城市内部边界的动态进程

——基于广州城郊一个居住边境区的案例研究

廖 开 怀

（广州地理研究所）

主持人 Victor KONRAD：感谢张静教授的发言！下面有请来自广州的廖开怀博士。

廖开怀：大家下午好。今天我报告的题目是“城市内部边界的动态进程——基于广州城郊一个居住边境区的案例研究”。

居住边境区现象即由封闭社区与城中村两个飞地相邻组成的区域，它在广州城郊区非常普遍。如图 1 中所示，封闭社区和相邻的城中村之间存在着明显的边界。因此，我的研究关注点正是封闭社区和城中村之间的边界。

图 1　居住区与边界现象

在城市内部空间边界以封闭社区、城中村等飞地形式不断涌现的背景下，一方面，边界研究主要围绕国家边界和区域边界进行，对城市内部空间尺度的边界关注有限。另一方面，在城市研究中，少有以政治地理学的边界视角对封闭社区与城中村相邻的现象进行研究。我们对于两种不同类型的飞地社区之间的关系，以及邻里尺度下边界对不同社区群体之间的社会空间影响知之甚少。

因此，结合上述研究问题和前人的研究基础，我选择了国家边界理论来分析居住区边界问题。国家边界理论将边界理解为一种进程，包括去边界化和重边界化进程。“去边界化”是指边界的可渗透性增强，边界变得越来越柔软；“重边界化”是指边界的障碍效应得到加强，变得越来越难于逾越和坚固。学界对去边界化和重边界化的理论讨论，强调将边界分为不同的维度，包括功能性的、符号性的和社会网络的边界。功能性的边界划分不同的功能系统，并且起到对人流、物流等的过滤作用。符号性边界构建集体的身份意识和认同，并且将人们划分为“我们”和“他们”。社会网络边界划分两个聚居区之间的社会网络联系。

我的研究采取单一典型案例法。选择的案例地是祈福新邨和钟一村——位于广州市番禺区。根据调查统计，2010 年番禺区共有 134 个封闭社区，其中 96%的封闭社区距离城中村不到 500 米。祈福新邨始建于 1991 年，现有常住人口约 32 000 人。与之相邻的钟一村形成于 1127 年，但现存的建筑大部分建造于 20 世纪 50 年代。钟一村现有人口 13 871 人，其中 4 280 人为原住村民，9 591 人为农村移民。两个相邻的聚居区之间存在着显著的社会经济特征差异。祈福新邨居民多为中产阶级及以上居民，而钟一村多为中低收入居民。祈福新邨的人均居住面积为 37.8 平方米，约是钟一村的两倍。从房屋出租水平来看，祈福新邨 81%的房屋每月租金水平超过 1 000 元，而钟一村 86%的房屋每月租金不到 500 元。从建筑环境上看，祈福新邨拥有现代化的建筑和大面积的绿化空间；而钟一村建筑破旧，建筑密度高，居住绿化面积非常有限。

表 1 归纳了不同维度的去边界化和重边界化的动态过程。结合这个表，我先谈一下功能上的去边界化，包括跨越边界的人、物、服务等联系流，以及交往地带的出现和商业化两方面。在联系流上，每天有大量的封闭社区居民穿越社区边界去到钟一村。一位受访者表示：“每天早上都有很多人去钟一村购物消费，人多的就像过年一样热闹。”祈福新邨居民前往钟一村的日常活动路径是这样的(图 2)：首先是乘坐小区巴士来到祈福新邨巴士总站，此处也是祈福的商业中心所在地；之后转乘小区巴士前往祈福医院公交车站，在这里下车；然后步行 5～10 分钟到达钟一村的钟福广场或者钟一市场。封闭社区居民前往附近村的主要目的

表 1 多维度的去边界化和重边界化动态进程

维度 进程	功能	符号	社会网络
去边界化	• 跨越边界的人、物、服务等联系流 • 交往地带的出现和商业化	• 归属感的形成	• 穿越边界的不同程度的社会联系
重边界化	• 边界障碍效应的增强 • 消费目的地的异化	• 排他	• 社交圈的分化

是为了购买便宜的或者特殊的商品和服务。一位受访者说:“我有时候去钟一市场,因为要么在祈福社区里买不到某项服务。例如,在钟一村有一位修衣服的老头,我在祈福社区里面难于找到这类服务;或者我觉得社区里面的物品价格太贵,钟一市场的价格却实惠很多。”

在两个飞地社区之间最为重要的联系标志是交往地带的出现和商业化。祈福新邨与钟一村之间除了由封闭社区的围墙所隔开外,还由一条东北—西南走向的市政道路——钟屏路所隔开。祈福居民前往钟一村需要穿越该道路。经过 20 多年的发展,这条道路不仅没有成为两个小区之间联系的阻隔,还而由于不断增强的跨界人流和物流,吸引了很多商铺沿着这条道路经营建设起来,成为两个小区相互接触和交往的中间地带。

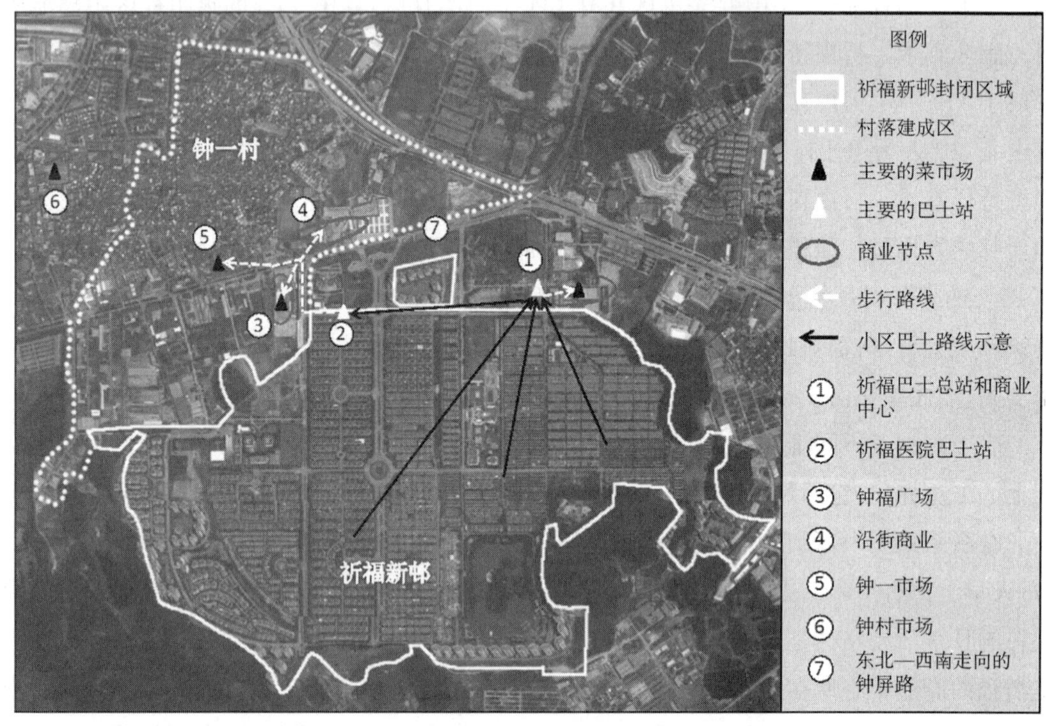

图 2 祈福社区居民前往钟一村的日常活动路径

功能上的去边界化同时也伴随着重边界化进程。功能重边界化进程包括边界障碍效应的增强和消费者目的地的异化两方面。钟一市场位于钟一村内部,是祈福社区居民前往钟一村消费的主要目的地。然而,2008 年钟福广场购物中心建设在钟屏路的祈福新邨一侧。该商场的建成后,拦截了大部分前往钟一村进行消费的人流,其中对封闭社区年轻消费者的拦截效应更为明显。实证调查数据显示,在祈福新邨去到钟一村消费的居民中,48%的年轻消费者的目的地为钟福广场,而只有 28%的年轻人会选择走远一点去到钟一市场消费。

边界还同时通过价格机制排斥村落居民。例如,钟一市场原本是服务原住民和外来流动人口的农家市场。祈福新邨居民到来后,他们的购买力远高于村落居民和需求的剧增,带动了钟一市场的物价大幅上涨。大部分村落居民开始选择到更远的农家市场,如去钟村市场购买日用食品。两个社区居民日常消费目的的异化,减弱了彼此之间接触和交流的机会。

在符号性层面,祈福新邨居民频繁地光顾钟一村,产生了一种地域归属感。例如,祈福新邨的居民有时会自我介绍说:“我住在钟村!”钟村是一个地域概念,包括祈福新邨、钟一村等村落,钟一村在当地又有“小钟村”之称。当祈福居民自我介绍说住在钟村,那么有可能他住在祈福,也有可能住在钟一村。祈福居民在自我介绍时没有特意把自己从周边破旧的村落或者“贫民窟”中区分出来,是一种“地方歧视”的减弱或消除。祈福居民开始接纳周边村落,认为周边村落是他们生活中的一部分。另一个体现祈福居民开始接纳周边村落的案例是二手房租售的宣传广告或资料。在祈福二手房的网络宣传或者中介销售宣传中,部分属于钟一村的公共服务设施,比如钟一市场、钟村育英中学、钟村中学等,都被宣传为祈福新邨的配套设施。这些农村服务设施被纳入封闭社区住房销售宣传中,有利于促进居民形成共同的地域意识。

符号性的去边界化也伴随着重边界化进程。祈福居民对周边村庄地区的归属感并不意味着他们已经接受了居住在周边村落的人。封闭社区居民实际上在排斥附近村落居民。一位受访者说:“我们的关系就像猫和老鼠一样,我们不想看到他们,但是又离不开他们,当他们进入我们社区的时候,他们看起来比较脏,会破坏我们的社区环境。”另一位受访者说:“他们中的80%或许是好的,但是其他的20%就很难说。”在访谈中,封闭社区居民常常提到附近村落的居民是社区犯罪和打破社区秩序的源头之一。封闭社区居民对周边村落居民仍然存在很深的偏见。

然而,封闭社区居民与村落居民到底谁在排斥谁?在村落中实际上也存在着一条无形的边界在排斥着诸如封闭社区居民、村内外来人口等新移民。在钟一村旁建立的祈福新邨,给钟一村带来了很多经济利益,如增加了就业机会,吸引了很多外来流动人口租住在此等。然而,当地村民对此并不感激,他们抱怨由于过早被征收了大量的土地,村庄的发展受到了很大的限制。一位当地村民说:“我们村的发展远远落后于附近其他还拥有大部分土地的村。”同时,钟一村还通过户口制度排斥封闭社区居民。例如,村落福利体系排除外来群体的共享,如学校、停车场等设施。

在社会网络层面,去边界化反映在形成不同程度的跨界社会联系。祈福居民与钟一村居民频繁的经济交往活动衍生了微弱的社会联系。很多封闭社区居民在访谈中提到,他们对附近村落某些居民很眼熟,有时碰到会彼此打招呼,或者会聊上一会,等等。这种微弱的社会联系有利于增进两个群体之间的理解和包容。此外,封闭社区与周边村落之间还形成有较强的跨界社会网络联系。例如,部分村民在封闭社区里买了房,与村落里的原住民仍然保持很强的宗族联系。

社会网络的重边界化进程表现在两个群体阶层的社会交往圈的分化上。事实上，封闭社区居民和村落居民生活在两个完全不同的社会交往圈里。一位封闭社区居民表示："在我看来，我们应该有自己的圈子。那种鱼龙混杂的情况，让我觉得没有秩序。只有有了秩序，那些经济条件不好的人，为了住进来才有奋斗的目标。"另一边，村落里的外来移民基本是生活在自己特有的老乡圈子里。一位农村移民描述道："我不认识任何住在祈福新邨的人，我有很多老乡住在钟一村，但是我们都在从事体力劳动，我们怎么可能在里面买房？我没有任何认识的老乡住在里面。"

下面，我来总结一下研究的结论和启示。

首先，去边界化和重边界化进程同时发生在三个维度上。居住边境区是一个介于排他与融合之间的转型区。理解封闭社区与周边村落之间的关系，应避免用简单的"是否导致隔离与否"二元标准去评判。封闭社区的"围墙"具有丰富的多重内涵，边界并不是一成不变的，而是动态的，因而应该用动态的眼光去看待城市内部空间边界。

其次，功能性去边界化显示，两个相邻的不同飞地社区之间不是完全孤立的单元，而是在一定程度上存在着功能上的相互联系。

再次，封闭社区的排他进程，如封闭社区居民对村民在意识形态上的偏见，户籍制度产生的制度性边界等，强烈地追求一个均质化的空间，促使"里面的人"与"外面的人"分开。

最后，多维度的去边界化与重边界化进程的理论方法，有利于避免单一的线性思维，加强我们对中国及其他国家的城市动态进程和空间结构条件的综合理解。

谢谢大家！

传统村落旅游业发展的边界研究
——以安徽省宏村为例

黄 杏 瑜

（中山大学）

主持人 Victor KONRAD：下一位是来自中山大学的黄杏瑜，她演讲的题目是“传统村落旅游业发展的边界研究”，有请黄同学。

黄杏瑜：各位下午好！我是来自于中山大学旅游学院的学生黄杏瑜，很荣幸今天有机会在这里和各位分享我的研究。我的研究主题是“传统村落旅游业发展的边界研究——以安徽省宏村为例”。

我的研究是以“无边界”和“有边界”的现实背景为基础的。一方面，随着全球化的加速和信息技术的发展，出现了越来越多的跨境交流与跨境流动，我们的世界呈现出一种“无边界”的状态。另一方面，我们仍然生活在一个秩序井然的世界中，边界无处不在并且规范了我们的日常生活。

对旅游业来说，旅游景区的建立就意味着边界的形成，不论是有形的物质边界还是无形的社会经济边界。我的研究试图用边界理论来解释古村落旅游景区的发展，通过分析当地对“我们”和“他们”的不同描述和态度，来研究边界是什么？它是如何形成的？当地村民又是如何看待这种边界？

边界强调“我们”和“他们”之间的区别，也包含“接纳”和“排斥”这两个不同的概念。边界一直都是传统政治地理学研究中的一个重要论题。现在，社会科学领域也开始试图从个人、群体和身份的角度去研究边界。在此，我们在古村落旅游景区这一小尺度应用边界理论。本文的关注点在于，在领域发展过程中，边界是如何形成的，又如何影响当地村民的观念？

我们选取了安徽省的宏村和际村作为研究对象。宏村位于中国安徽省南部，在2000年被列为世界文化遗产，并在2011年获评“国家5A级旅游景区”。宏村的单人门票是104元人民币。际村与宏村仅一河之隔，被视为文化遗产保护和旅游经济发展的缓冲地带。我的研究主要通过访谈和观察宏村和际村的村民，以了解宏村和际村之间的边界。接下来是我的研究发现。

宏村主要有三种类型的边界存在。其中行政边界划分了宏村村委会的法定行政区域，通过户籍管理制度来区分“村民”和“外来者”。旅游景区的物理边界由河流、田地、山冈和六个人工售票入口组成，不过其并不限制本地人的出入。社会经济边界通过管理系统和福利系统来划分。在宏村，房屋建筑的限制非常严格，村里为60岁以上的老人提供额外津贴。而际村就没有这项福利。经济边界反映在收入方面，包括营业收入和股息收入。其中，股息收入的区别体现得最为明显。2015年，宏村的每位村民获得了4 000元的股息收入，而际村的村民的股息收入为零。

边界的形成和宏村旅游景区的建立、发展历程紧密相关。我们可以发现，宏村的边界形成主要是政府和公司的作用结果。比如，在1997年当地政府在没有考虑村民意愿的情况下，和公司签订了一个长达30年的合同。在2000年，宏村的门票收入达到了384万元，但是每位村民只能获得其中的75元。因此，边界的形成过程实际上是一种权力关系的表达，但其已经成为了日常生活的一部分，并对当地居民产生了影响。

对宏村的村民来说，他们以宏村拥有世界文化遗产的荣誉而自豪，这反映出了他们的身份认同。同时，大部分宏村村民也意识到了严格的房屋建设管理制度带来的不同。他们认为，宏村和际村最大的区别之一就是：“他们可以建新房子，但是我们不行。”但是，宏村的村民认为，收入和福利没有带来很大的差异。他们的叙述倾向于弱化旅游业发展带来的收入差异，他们认为，“我们”并不比“他们”好。总结一下宏村村民的意见：对宏村村民来说，“我们”是指宏村，是世界文化遗产和国家5A级景区，并且拥有一定的股息和福利。但是相对应的管理制度非常严格，股息和福利并没有很多。特别是在房屋建造方面，宏村村民希望拥有更好的福利和更多对于发展的机会。

那际村是什么情况呢？际村的村民同样承认，宏村是世界文化遗产，与宏村人的自豪感不同的是，他们更多是看重两村之间游客数量、发展机会和门票价格之间的差异。在际村人看来，没有相应的股息和福利是最明显的社会经济边界。他们认为，这种物质福利是“我们”和“他们”之间的巨大差异。总结际村村民的意见：“我们”是没有股息、福利和商业机会的穷人，我们的房屋建设和翻新也同样受限。这种对自我的描述，说明际村村民不愿意面对两村之间的差异，他们也感到很不公平。

根据这些发现，我们得到一些结论和思考。

第一，边界的形成与强化。首先就是边界的形成和边界的加强。这里的边界是在权力和资金自上而下共同作用形成的。村民们相信，边界是政府和企业造就的，而他们自己只能被动地接受。然而，事实上，边界的强化和影响与村民自身自下而上的反作用密不可分，这种反作用包括其对权力行使的尊重和心理上的作用。

第二,边界和身份认同。尽管边界是在权力和资本的作用下形成的,在更大的层面上来说,边界的形成也意味着对宏村利益的保护,所以宏村的村民有着更强的本土意识。然而,经济、文化、社会资源等因素都会对身份认同产生影响。面对众多的规则与限制,宏村村民对“世界文化遗产”的身份认同变得很弱。他们认为,自身的发展受到限制,资源也被霸占。

第三,边界和不公。在这次的研究中,两村村民都强调了旅游边界的负面影响,他们都认为“我们”并没有从旅游发展中更好地受益。首先,这和边界自上而下的形成过程有关。大部分村民都被排斥在社会关系之外,他们的意见和利益也一直被忽视。其次,空间上的差异带来了各种资源的分配不均,只有很少的人可以享受到资源和社会福利。此外,旅游边界的存在促成了心理边界的形成。当他们和对方进行比较,而发现自己处在一个不利的地位时,就会觉得自身的资源和利益被剥夺了。这些可能是他们觉得不公平的原因。

以上就是我的研究汇报,谢谢大家!

自由讨论

主持人 Victor KONRAD:非常感谢！现在我们有简短的时间来相互交流和提问。

嘉宾:我有几个问题。请问您是如何获取到相关信息的,您采取的是什么研究方法,通过询问当地人么?

黄杏瑜:是通过访谈的方式,访谈了宏村和际村的村民。

嘉宾:您大概访谈了多少人呢?有没有发现其中的性别差异?

黄杏瑜:我访谈了53人。在采访之前我做了很多准备工作,我了解两村的村民数量,包括其男性和女性的性别比例,所以在采访的时候我选择了适当数目的男性和女性受访者。

嘉宾:我有一个问题提问廖开怀先生。您在钟一村和祈福新村两个地方之间选择了一个非常有限的区域,您是将自己的研究限制在这么小的一个边界区域里,还是说您也将其延伸到了一个更大的区域,比如说研究这个区域与当地其他的城中村、其他社区之间的关系等。您选取这样一个传统的空间,那这个地方还有什么其他的动态吗?

廖开怀:这是一个非常好的问题。我选取的案例位于广州的郊区,在这里是一个非常典型的情况,即新的社区建立在一些城中村的旁边。当一个新社区准备建造的时候,他们会需要土地,我们都知道农村的土地是属于村委会的,所以政府需要从当地村民那里购买土地,再交给开发商使用,这就会形成一个很典型的景观:一边是高楼大厦,另一边就是城中村。这就是我选择该地作为研究区域的原因。当然有时候我们会遇到这样的情况,在这些相同类型的社区之间也会存在一些边界,比如城中村之间的边界,但是我认为这属于另外一种研究的类型了。

主持人 Victor KONRAD: 大家的提问应该都结束了。非常感谢各位参与我们今天的会议。在这个会场里,我们都分享了很多非常好的研究,不管是来自中国,还是其他国家的研究。我们也进行了非常高效的讨论,包括边界、边界化、边界建立等方面的问题。再次感谢各位所付出的宝贵时间!

第五部分

城市空间、领域与管治

主 持 人:	Joe PAINTER	Durham University
	Tim OAKES	University of Colorado
主题发言:	王丰龙	华东师范大学
	史卫东	山东泰山学院
	应婉云	南京大学
	马学广	中国海洋大学
	CHEN Yanyan	The Chinese University of Hong Kong
	LEUNG Chiu-Yin	The Chinese University of Hong Kong
	Miguel GLATZER	La Salle University
	Alexander SERGUNIN	St. Petersburg State University
	TWU, Jeffrey Chih-yu	Columbia University
	黄耿志	广州地理研究所
	李 禕	南京大学

“尺度政治”的模型
——基于中国实证案例的总结

王 丰 龙

（华东师范大学）

主持人 Joe PAINTER：欢迎大家来到第五会场：城市空间、领域与管治。我是第一阶段的主持人 Joe PAINTER。第一位演讲者来自华东师范大学的王丰龙，他演讲的题目是“‘尺度政治’的模型——基于中国实证案例的总结”，有请王先生。

王丰龙：大家下午好！非常荣幸可以跟大家分享一下我关于中国的尺度政治这一话题的构想。这个演讲是基于我之前的一些经验的研究和我之前的一些想法。这个研究工作，我们还在进行中，还没有完成，所以只是一个初步的研究结果，欢迎大家来评论。

在演讲之前，首先我想介绍一下一些关于我的信息，我来自华东师范大学，我的主要学术兴趣是关于尺度政治。我的演讲有四个部分，第一个是简单介绍一下尺度的概念和尺度政治，接下来我会谈论我的理论模型，然后我会论述我的看法和案例分析。

在场很多人应该都对这个术语是比较熟悉的，尺度是人文地理学科中很关键的概念。彼特认为，这在政治地理学里面是一个非常关键的关键词，还有 Neil Smith 也提出一些关于尺度的讨论。有些人觉得我们不要老是提这个术语，我们应该创造另外的词来讨论。我们会看到一些差距，首先一些研究是有困惑的，那尺度是什么意思呢？很多的研究都是经验性的研究，我在想是不是有一些一般的机制或者有一些实践，在不同的场景下会使用这个概念。我要谈一下我自己的个人理解的。我们都知道，政治谈判、权力的竞争还有尺度的移动，是结构重组里涉及的关键词。我的理解是，尺度政治实际上是涉及包容和层次的。一个行动体进入新的行动体后会失去平衡，就有其他的研究试图去重新定义一些领域的规则。它们试图更加深入地参与到这个领域中来，也是希望可以找到合理的理由让它们成为更加强大的行动体。我觉得领域这个词还有很多的争议，但是我想把重点放在尺度这方面，比如领土、边界。在某一个范围里它们是不是有一个层级的结构，涉及不同的层级的行动体。在不同的层级上面，有不同行政管理的行动体，然后涉及不同的资源。根据所拥有的资源，其影响力也是不一样的。

现在新的地缘政治研究里面，我们会看这个身份有各种上下文的背景和背后的一些依据。如果我们想重新定义自己的一些地位或者是重新去应对一些争端，获得新的结果，我们都是需要新的举措。我想举个例子去支持我的论点，第一个是关于领域化的一些想法，或者是再领域化，比如说这个领土划分成新的定义，在课本里面有一些新的例子，比如说选举区范围的改变，他们的结果是不一样的，如果外部条件变化了，在这样的环境下建立的国家是全新的。在他的论文里面，他还谈论了可移动性话题，可移动性扮演着不同的角色，既可能有好的一面也可能有坏的一面。很多无家可归的人都是由警察管理的。

接下来我想谈一下重新组织和层级化，这里有一个研究，谈到了全球化这个话题。在全球化的城市里面有不同的行动体，不同的行动体他们有不同的资源，相比其他的城市，他们是更加有影响力的。除此之外，一个国家可以参与不同的国际组织，比如说 WTO，去获得一定的权力。然后这个国家还可以提升他们在国内的影响力，加强影响力可以有更多的影响，我们要重新定义一些政治话题的性质。一个国家可以把重点放在自己当地的发展上。打个比方说，你可以把这个辩论设置在某一个范围里面，加强你在这个范围的影响。你可以花更多的时间，去重申你的主张。比如说关于环境的主张，去探讨一下全球都关心的话题，我们可以从当地的范围内去谈这些问题，也可以把这些讨论扩大到一定的范围。可以让更多的人参与其中，也可以影响到当地政府去停止使用有毒的东西。因此，我想把整个过程用图表的形式展示出来，主要是关于地理空间。它可以分为三种模型，即尺度上推、尺度重组和尺度下移。还有就是跟组织相关的行政区域的层级，第二种是跟空间的重新体现，还有它的发展路径是相关的。我认为始终有二元的力量参与，比如整合与分离，或是集中和分散。这些二元的力量使得尺度政治不断演变。由于时间有限，我会简短地讨论一下，我对中国尺度政治的理解。

我认为中国的尺度政治有两种特色，一种是行政层级的主导作用，正如我们这两天所讨论的，政府始终处于一个支配他人的主导角色，不同层级的秩序是由不同层级的政府所决定的。当地政府一般会对国际层面的东西比较敏感，特别是对国际媒体。当国际媒体参与某一事件，这一事件的结果往往会受到这些媒体力量的影响。另外的一些特色是战略上面的特色，我认为尺度政治主要被政府所控制，所以在社会运动中更多地使用尺度上移，这样能够脱离政府的控制，才有可能获得更大的自身利益。另外一个有趣的特色，就是新出现的依托互联网的一种政治性，互联网用户往往能够逃脱政府的管控。由于他们的高度流动性，通过一些图片，他们能够推动事件的政治化，这样人们也可以让自己的声音被听到。

下面我会展示一些我之前做的案例研究。这些案例与社会运动相关。第一个我要讲的案例，是一个假奶粉的制作事件。我将讲述这个事件的背景，但是主要关注总结和结论的部分。我认为新西兰一些力量的参与，让这个事件发生了改变，最终当地的政府无法控制这个事件的发展。这也再次验证了在社会运动中参与者往往使用尺度上移的方式和战略解决问题。另外一个有趣的案例是表情包。在几个月以前，台湾人和大陆人在网上就开始了一场“小战斗”。他们改了一些图片，我认为这种情况里面体现了一些尺度政治相关的问题。这个事件跟国家主义和民主相关，同时这个事件也跟知识产权相关，因为有一些图片会标明“中国制造”。在中国，因为有互联网的管治，台湾的互联网用户会说大陆人太无知了，因为他们只能获得有限的信息，但是有大陆网民反击道：就是因为我们在网上没有这么多人，否则会造成更大的后果。

我现在来做一个简短的总结，我认为尺度政治是有两种原则的，不同主体不同参与力量的发展趋势是不一样的。还有一个重要的问题需要继续讨论。在实践中，有一些学者认为，我们不需要再对尺度政治进行研究。但是我们是否在不理解尺度真正意义的前提下，完全理解和分析这个尺度政治呢？在我的这篇文章中，我希望能清晰定义这些词，我想知道你们的反馈。

谢谢大家！

基于地方管治的中国特色政治地理学探微

史卫东

（山东泰山学院）

主持人 Joe PAINTER：非常感谢！第二位演讲者是来自山东泰山学院的史卫东，他的演讲题目是“基于地方管治的中国特色政治地理学探微”。

史卫东：我汇报的题目是“基于地方管治的中国特色政治地理学探微”。我想从以下四个方面进行汇报：第一，是政治地理学研究的尺度，刚刚来自我母校的王丰龙博士也讲了这个问题，他讲的是一个很抽象的模型，我想给大家感性地介绍一下中国学者这几年在这个领域做的工作；第二，是中国经济奇迹的解释；第三，是城市区域管治研究的政治地理学回应；第四，是独树一帜的中国政区地理学。

汇报的第一个方面——政治地理学研究的尺度，有三个维度，第一个是跨国政治区，作为传统意义上的政治地理学的地缘政治是国家之上的、国际间的关系的全球政治；第二个是国家，是政治地理学研究的基准尺度，曾有学者认为政治地理学就是国家地理学；第三个是地方行政区，在国家之下，也就是地方行政区域的研究，这个往往是容易被大家忽视的，我今天主要汇报这方面的问题。

“二战”以后，国内外都出现了尺度下移的问题。因为“二战”期间，德国、日本和意大利发动的战争导致大家对地缘政治学产生了厌恶，很多人就不去研究了，国内外都是这样；所以“二战”以后出现了研究的中立化，大家都觉得地缘政治太危险了，大家就不去研究，而去研究一些实证问题、找一些案例去做。在这个背景下，国际上政治地理学就回到了一个比较科学的小尺度研究；国内更是这样，1949 年新中国成立之初出现了一个“一切以政治为中心”的命题，大家都“讲政治”却又都在回避政治，成为了一个悖论。这样，很多年以来，我们的政治地理学就出现了空白。

改革开放以后，口号变了——“一切以经济建设为中心”“发展是硬道理”，地方要发展经济，就出现了政区、地方管治这些政治地理学的研究话题。那么，国家内部权力空间直接体现为各级各类行政区域，王丰龙博士讲的就是行政区域的尺度、权力空间的分布。另外，广义的地方管治研究就是以权力的空间演进、空间秩序与空间结构为切入点。所以说，地方管治是指一个国家为了发展，在其内部区域、地方的社会经济管理中运用权力的方式。政治地理学主要关注的是政治和地理环境之间复杂而多样的关系，它肯定是要包含国内尺度的政治地理研究。

我们抠一下政治地理学的定义，政治地理学实际上是研究政治和地域相关的问题，包括权力、政治、政策，它们是怎么样投影到地方，投影到空间，投影到管理的地域范围内的。改革开放以来，中国创造了世界经济的奇迹，昨天下午陆大道院士和 MURPHY 教授也在探讨这些问题。我想这些问题是围绕着一个中心，即世界的政治经济格局在变化，中国的 GDP 总量逐渐成长起来，成为世界第二。第二对第一肯定有一个挑战，整个国际局势就会变化，实际上这个问题就是中国经济崛起的问题。针对崛起，我们想要问的不是它对国际上的影响，而是它是怎么样实现的。一般认为，中国经济奇迹的创造是权威型政府推动的一个典范，当然也有其他解释，如大国优势、后发优势、文化优势等，但是这些解释都不具有唯一性，我们也可以从政治地理学的角度来解释这个问题。中国政府的推动力是如何在 960 万平方公里的土地上实现这种行政的影响，这是我们要探讨的问题。

我们昨天去花城广场看，讲解的同学拿出地图讲的过程中来了一个保安，他说："你们不能在这里聚众打标语。"其实这是一场误会，保安误把地图当作标语横幅，要把我们赶走。大家可以很清晰地看到问题，中国政府的力量已经全覆盖了，所谓"横向到边，纵向到底"的网格化管理。国际上发明了一个新的流行词"weiwen"，如果你仔细看《中国日报》或者外国一些主流媒体的报道，会发现中国"weiwen"问题是一个大问题，"weiwen"是一个专有词汇，就是政府如何把他的控制力推动到社会空间的角角落落，所以说中国的行政力量是无处不在的。那么，行政力量是怎么样推动的呢？就是下一个问题。

汇报的第二个方面——中国经济奇迹的解释。"以经济建设为中心"的经济推动力是如何在中国全域实现的？对中国经济提出来的解释比较典型的有两个理论。

一个是钱颖一先生的"M"形经济理论。该理论认为中国经济奇迹的原因在于中国政区间"GDP 锦标赛"，也就是说各级政府为了实现政府自身的利益，比如某一个地方领导为了升迁，就得"为官一任，造福一方"，提高他所在区域的 GDP。所以就可以看到，我们的基层政府在没有很大自主权的情况下，在经济领域找到了很大的自主权，通过在国有部门以外建立市场取向的企业来使本地区得到发展，如开发房地产——因为房地产税都是地方的。极为有限的讨价还价能力与极大的自主权结合在一起，就会削弱行政控制，强化"M"型层级制内的市场活动。

另外一个理论，就是张五常先生在《中国的经济制度》提出来的，他特别强调县际竞争的作用。他认为中国行政区域体最基层的、最核心的细胞就是县，所以他强调县和县之间的竞争。

我认为，无论是钱颖一先生还是张五常先生为代表的海内外学者、主流经济学学者，都离不开行政区域和政府权力两大要素。因此，我们要研究的问题就是各级不同尺度的行政区域之间如何竞争，进而推动整个区域的发展。

中国行政区划一般有三级——省级、县市级、乡镇级，这是法律规定的。实际上远远不止三级，客观存在五级政府，还有省和县中间层次的地级市和自治州，虽然宪法说是不合法的，但是事实上是存在的。在乡镇之下，还有行政村，我们知道，一个村也有一个开发区，村也是一个行政化的地域，在推动区域的经济发展。我 14 年前来过广州，当时感觉广州比上海差远了。但是现在一看让我大跌眼境，广州已经变成了一个非常现代化的城市。这是为什么呢？因为在“GDP 锦标赛”中，在地方政府推动区域发展中，广东取得了先机，成为了今天中国最大的省份，人口也最多——“六普”人口数据如此，没想到广东省成为经济第一大省，广州市在全国 300 来个地级市行列里，经济社会发展遥遥领先。在县级市里面，前几年顺德一直是全国百强县第一位的。最近，昆山取代顺德市成为排名第一的县级单位，顺德现在已经被佛山“吃掉”成为它的一个区。然后，县市的下面就是镇、村，通过地方政府的努力，使村镇的发展突然腾飞起来。例如，天津郊区的大邱庄原来是一个非常普通的行政村，但是通过他们的发展，后来升级为一个镇；江苏省江阴市的华西村，它是一个小小的没有行政级别的村子，但是突然发展起来了，后来临近几个村子加入到该村，号称天下第一村。这两个村的故事，都是很奇怪又很有意思的现象。通过行政区这个角度可以解释中国经济的奇迹。

汇报的第三个方面——城市区域管治研究的政治地理学回应。城市区域管治研究这个领域是对政治地理学的一个回应，中国政治地理学在城市区域管治研究方面有了很大的进步。中国特色社会主义落实到空间上，其特点在于政府并非于独立市场之外——在中国特色市场经济体制中，政府既是裁判员也是运动员，政府参与了市场经济，具有企业家的特征，在不同的空间上重塑与市场的契合——即政府在做一个主导的力量，使这个区域内使市场、企业和经济重新结合。随着中国改革开放进程的深入，中国的区域开发、城市化、区域协调和中国的新农村建设，这些国土空间开发呈现出若干新特点。因此，对许多问题的深层次认识，都需要对政治因素展开研究，需要从政治经济视角研究城市区域问题。

2000 年以来，中国在区域管治研究方面有了很大的进展。包括区域管治研究尺度——从城市延伸到区域，尤其针对府际关系的区域管治研究取得了较大的进展。研究热点主要有尺度政治、城市管治、土地管治、城市发展中的公民社会等多个主题，涌现出大批新成果。比如说南京大学以张京祥教授为代表的学者从体制转型的视角，研究中国经济社会体制转型；中山大学刘云刚教授致力于构建以领域、尺度为基础的权力—空间分析框架。

在研究上述问题的过程中，我国学者一开始并没有自觉地把这个问题的研究归入到政治地理学。但是，围绕地域空间管理权力转变的研究，本质上可以归为国内尺度的政治地理学研究。同时，许多学者观察到，中国区域管治转变过程中，客观存在着行政区划兼并及地方政府的重构问题，如刚才提到的顺德。这就引出一个中国特色的新命题——中国政区地理学。

汇报的第四个方面——独树一帜的中国政区地理学。我在这里，主要给大家汇报一下华东师范大学在政治地理学方面研究的一些成绩。改革开放以来，中国的人文地理学经历了一个复兴的过程，吴传钧院士主编了一套丛书《中国人文地理丛书》，代表了当代中国人文地理研究的最高水平。其中，有三部属于政治地理学范畴的著作：一本是王恩涌先生的《中国政治地理》，大家较为熟知；另外两本是刘君德先生的《中国政区地理》和《中国社区地理》。实际上，这三部著作相互呼应、互为补充，分别从国家、国内行政区域、基层社区三个尺度研究了中国的政治地理学。

这三本书，大家往往较为关注王恩涌先生的《中国政治地理》，后面两本往往被忽视，从而使得中国政治地理学的研究在一定程度上是被忽视了。中国行政区划研究中心是20世纪90年代，民政部的在华东师范大学建立的。在服务于国家行政区划管理的实践过程中，该中心逐步建立起了“中国政区地理”学科框架体系，提出了“行政区经济”理论体系，领军人物是我的博士生导师刘君德教授。昨天刘云刚先生在大会报告中，讲到了中国的政治地理学有六个分支，其中第六个就是刘君德先生的政区地理学。实际上，政区地理学不是刘君德先生的首创，在他之前，他的老师胡焕庸先生、李春芬先生在政治地理学方面都有很深入的研究。胡焕庸先生在民国时期曾经帮助国民政府制定重新划分省的方案。在理论方面，刘君德教授提出了行政区经济的理论。“行政区经济”试图以理论为核心，构建中国特色的政区地理学、区域政治经济学学科理论体系。这个理论是从不同的角度、不同的空间尺度，探讨政府、社会、企业的多元权力结构的行政权力与运行机制，发掘权力结构的空间化逻辑主导形式，进而分析行政组织结构的行政空间与权力空间的相互关系。最近，刘君德教授领衔出了一套丛书《当代中国城市——区域：权力·空间·制度研究》。

行政区经济有一些正面作用也有负面作用。负面作用表现在，行政边界把固有的经济控制在一个区域里面，无法实现流动，就像贸易壁垒一样。但是它也有一些正面作用，通过各级政区政府之间的竞争实现整个区域的经济发展。

中国行政区经济模式演进分为三个阶段。第一阶段是发展阶段，权力＋空间＝生产力，权力直接作用于空间；第二阶段是转型阶段，权力＋市场＋空间＝生产力，权力通过市场作用于空间来提高生产力；第三个阶段是成熟阶段，市场＋权力＋空间＝发展力，未来中国的市场经济成熟以后，市场作为决定作用，权力只是一个守夜人的作用，然后是空间，这样来作用于中国经济的发展。

总之，我们通过这个研究，发现行政区划是折射政治权力空间化和政府间关系的一面镜子,地方管治是特定行政区域内社会经济管理中各种权力的展开,二者都是中国特色政治地理学的有机构成。

中国学者在此领域做了大量开创性研究,中国特色的地方尺度政治地理学研究是中国学者对政治地理学研究的世界性贡献。

最后,我想和大家探讨一下中国政治地理学的问题。第一个问题是,在发展过程中因为急于为经济服务、为社会服务、为国家服务,即家国情怀,正如昨天陆大道院士发言中所体现的,这就出现一个问题,我们往往是身在其中的一个利益相关者,不能中立地研究,希望以后我们的研究更客观、更科学、更国际化。第二个问题是,中国政治地理学的研究需要整合,就像昨天刘云刚教授所讲的。其实,我们都不自觉地做了很多政治地理学的研究,但是自己不自觉,我希望今天的会议作为一个很好的开端,成为将来政治地理学的中国化,中国特色政治地理学开创的一个奠基年。

汇报完毕,谢谢大家!

城市的迷失：尺度重组视角下的中国城市行政重构
——以安徽芜湖为例

应婉云

（南京大学）

主持人 Joe PAINTER：非常感谢您的演讲！现在有请第三位演讲者，来自南京大学的应婉云，她的演讲题目是“城市的迷失：尺度重组视角下的城市行政重构——以安徽芜湖为例”。

应婉云：大家下午好！我是南京大学的一名研究生，我演讲题目是“城市的迷失：尺度重组视角下的城市行政重构——以安徽芜湖为例”。

从20世纪70年代开始，随着经济全球化的发展，分权化和市场化已成为世界改革的主要方向。1978年以来，中国的政治和经济转型也是围绕这两点展开的。这对地方政府的发展产生了深远的影响。从那以后，中国的地方政府开始作为一个独立的利益实体参与到竞争中。它们在吸引资本、人才、技术和其他资源方面相互竞争，而中央政府自上而下的绩效考核制度强化了这个竞争过程。与此同时，城市开始被视为经济增长的重要引擎。城市的土地价值急速提升，使得土地财政成为地方政府财政收入的重要来源。因此，作为重组资源和扩大城市面积的主要手段，城市行政重构对城市和地方政府的发展都产生了巨大的影响。

在此，我的研究理论视角是尺度重组。自20世纪80年代以来，尺度的人文意义逐渐受到人们的关注。尺度开始被解释为一种经济、政治、社会活动及其关系的社会结构和变化的产物。因此，尺度化被解释为一个根据尺度决定地理分异的过程，这一过程可以描述景观的权力与秩序。当权力和控制力在不同尺度变化时，尺度重组就会形成。基于这种认识，Brenner认为，政府机构是作为一种通过尺度重组获取利益的手段来塑造城市空间的。在这一过程中，政府与城市的尺度重组同步进行和相互影响。这意味着，政府和他们的关系的重组是与物理空间的变化一起发生的。同时，从尺度政治的角度来看，Smith认为，尺度重组的过程也包括削权和授权，并涉及不同尺度间的权力斗争。

对中国区域和城市的尺度研究始于2000年。其中，作为城市化的一种典型形式，行政重构受到了广泛的关注。从尺度的视角来看，学者分析了中国城市行政重构的过程、形成和内部因素，总结了地方政府与中央政府间的权力冲突。然而，尺度变化对地方政府和城市发展的影响却鲜有提及——地方政府进行尺度重组的动因是什么？这种策略可以触发或反映怎样的政府尺度关系？在尺度重组对城市发展起到积极作用的同时，它是否会产生负外部性？

基于以上问题，我以芜湖市作为案例，分析了近15年来其城市行政区划调整的进程。

芜湖市位于安徽省东南部，长江下游地区。全市面积6026平方公里，辖四个市辖区，四个县，具有较高的经济发展水平和城市化率。根据国家地方分级标准，在随后的分析中涉及四个等级：从省政府到地级市、县，和一个特殊的行政机构：开发区。

2000～2015年，芜湖市经历了三次重大的行政区划调整。第一次调整是2006年的区域重组和行政兼并。第二次是因为2011年的省政策，将原来巢湖分为三个分区，其中一部分在芜湖。而最新的一次调整，指的是从省级到地方的江北产业集群政策，该政策伴随着新一轮的行政兼并。经过三次调整后，芜湖的城市面积扩大了6倍以上，城市区域也增加了80％。同时，芜湖的行政区域和城市区域都已经跨越了长江，城市结构由沿江带状变为跨河群状。

值得注意的是，这一系列行政区划调整背后有一个高度一致的驱动力：实现空间竞争的目的。各级地方政府将采取各种措施来促进或阻碍政府尺度改变的过程。这一过程的两个典型案例将在下一部分介绍。

第一个案例是地级市政府与县级政府之间的竞争。由于地理上的限制，在2006年之前，向南扩张是芜湖市城区建设的第一选择。因此，市政府计划通过兼并繁昌县的部分地区来建立一个城市新区，而繁昌县就位于芜湖市南部。然而，作为一个经济强县，繁昌县政府对该计划极力反对。因此，两个层级的政府为了各自的利益开始了角力。在2000年前后，繁昌县政府计划建立一个经济开发区来促进产业发展。当繁昌县将该计划提交给地级市政府，芜湖市要求将开发区建在毗邻芜湖市区的小镇上，这意味着如果该小镇被合并，开发区将被市政府占有。因此，繁昌县政府推迟了该建设项目，并且和芜湖市政府开始就开发区的拥有权问题进行谈判。事情的结果很有趣，尽管这个开发区是繁昌县进行初步构建并最终隶属于芜湖市，繁昌区政府被允许在距旧开发区只有10公里的地方再建立一个同一行政级别的新的开发区。同时，为了与另一个开发区竞争投资资源，这一开发区建设得非常迅速。在这种情况下，市县政府进行行政区划调整的过程，实际上是一个就空间资源展开竞争的过程，行政区划调整的结果是一种妥协后的尺度重组。

第二个案例是芜湖地级市政府与省政府围绕江北产业集中区的竞争。2010年，为了优化全省的工业发展条件，安徽省政府决定在长江北岸建设一个产业开发区。首先，该产业开发区原本涉及三个城市地域，之后经历了安徽省行政区划调整，被归在芜湖市的管辖范围内。2010 年 6 月，由省政府直接管辖的江北产业集中区委员会正式成立，它拥有地级市政府的经济管理权限，但其社会管理事务仍受地方政府管辖。这意味着省政府想从夺取城市的空间资源中获取利益，并要求城市政府配合。为了反抗这种不平等的要求，市政府经常推迟甚至阻碍土地审批，使开发区的建设不断延迟。此外，根据投资量的对比，虽然芜湖市具有很好的经济效益，但它并没有在投资方面给产业集群提供任何帮助。因此，安徽省必须重新调整产业集中区与地方的责权关系。开发区也由“省级政府管理”转变为“芜湖市政府代管”，大多数权力，特别是委员会的经济管理权力，都被转移到芜湖市政府。

在这个案例中，地级市政府和省政府之间的空间竞争成为了行政重构的动力，在整个博弈过程中，也伴随着政府权力的增强和弱化。

Brenner 认为，政府和城市的尺度变化是同时发生、相互影响的。随着地方政府的尺度变化，一系列的城市行政重构的作用叠加在城市空间上，最终对城市发展产生特定的影响。第一个影响就是地级市城市地区和政府权力的扩张。从 2000 年开始，芜湖市就通过兼并周边县的城镇，不断扩大城区范围。在这个过程中，被兼并地区的住房质量、基础设施、公共服务等社会和民生事业在质量方面明显提升。除此以外，更多的城市土地和更大的行政管辖权也有助于地级市政府整合发展资源，从而使土地规划和资源配置得以更全面、更灵活。

第二个影响是变相促使城市发展驶入困境。从地级市的角度来看，在尺度方面的频繁竞争干扰了城市发展目标的有序实现。以芜湖为例，为了实现向南扩张的目标，市政府通过与繁昌县的竞争，吞并其土地的一部分来向南建立了一个新城区。然而，与省政府的竞争打乱了它的发展计划。虽然芜湖市政府赢得了江北产业集中区的管辖权，但它不得不根据省政府的要求来改变其原本已计划好的发展重点。自 2011 年以来，芜湖市政府开始大幅增加针对江北产业集中区城市建设的投入，但由于长江的地理屏障，以及基础设施与经济条件的严重缺乏，该产业园区还是很难吸引人才和投资。加上近年经济不景气，开发商频繁撤资，政府投资难以收回，公共服务设施建设也出现很多未完成的情况，使得芜湖市的发展陷入僵局。

第三，行政区划的频繁调整让城市行政空间破碎，形成了一些特殊区域，其中一个就是无为经济开发区。无为县在 2003 年成立了这个经济开发区，政府进行了大量投资并取得了相当好的收益。因此，在芜湖市第三次行政兼并的过程中，无为县拒绝放弃这一区域的管辖权。从而产生了管理飞地，阻碍了江北产业集中区的整体规划和建设。

通过研究芜湖市近 15 年的行政重构过程，我得出以下三个结论：第一，尺度重组可以作为一种城市空间竞争策略；第二，中国各级地方政府之间也存在着复杂的尺度关系；第三，除了积极影响之外，尺度变化也会对城市发展产生负外部性。

本次演讲的内容只是一个初步研究，还留有许多问题需要进一步探究。我认为芜湖的案例很有趣，从中我们可以一窥中国各级地方政府复杂的竞争关系及其对城市发展的多重影响。但是，由于理论基础薄弱，我尚未找到一个完全合适的理论视角去准确地解释这一现象。从尺度重组的角度切入只是我的一个初步尝试，我衷心希望可以得到在座各位前辈的宝贵意见和建议。此外，这是我第一次用英语演讲，所以出现的诸多错误，还请各位包涵。

谢谢大家！

领域、网络与尺度：城际合作空间的生产与重构研究

马学广

（中国海洋大学）

主持人 Joe PAINTER：非常感谢您的演讲！现在有请第四位演讲者，来自中国海洋大学的马学广博士，他的题目是"领域、网络与尺度：城际合作空间的生产与重构研究"。

马学广：大家好！我将用中文来演讲，但是我的 PPT 是中英文结合的。我汇报的题目是"领域、网络与尺度：城际合作空间的生产与重构研究"。

首先介绍一下报告的背景。在当前的中国和全世界的城市发展中，我们看到越来越多的市场经济条件下政府之间的互动。这在以前计划经济体制之下是很少的，当代中国出现了日益繁多的基于空间的制度化合作。2000 年以来，各种制度化合作在不同的空间尺度不断展开，有县级尺度上的，还有来自城市群尺度、省尺度和国家尺度上的。本文的案例研究——广东省的深汕特别合作区，就是基于城市尺度上的一个案例。

接下来是报告的逻辑背景，也相当于整篇文章的构架。既往的研究基本上是从单个社会空间维度展开的，包括领域的研究、网络的研究和尺度的研究。在我的实证部分，不但会在单个维度上展开，还会探讨多个社会空间维度的相互作用和组合关系。

今天给大家汇报的内容主要包括四个部分，第一部分是社会空间过程的多重维度，分别从各个维度向大家介绍；第二部分是案例的研究，即深汕特别合作区建设中的领域、网络与尺度关系研究；第三部分是在理论架构和实证研究的基础上，我会做进一步的理论延伸，就是谈多重社会空间维度间的相互作用及其组合关系；最后部分就是整篇文章的结论。

第一部分是社会空间过程的多重维度。社会空间过程的多重维度主要从三个方面来讲。首先是"尺度"的研究，在 20 世纪 80 年代之前较为普遍的是传统尺度研究，这个时期的尺度被看作是一种非社会建构的关系，是一个给定性、固定性、封闭性的理论概念，我们常见的尺度关系比如比例尺。在 20 世纪 80 年代之后，西方理论界转向了政治经济取向，尺度不再是一个固定的东西，而是社会建构的，含有丰富的社会内涵，是社会建构性的、物质性结构性和历史性的一个概念。20 世纪 90 年代之后，整个社会科学的理论思潮开始走向后结构

主义，尺度的研究也开始转变，不仅仅是社会建构的，也是一个主观建构性、非预定性、精神性、实践性的概念。

其次是“领域”的研究。领域的研究也存在一个大的思想转变，即从非社会建构转向社会建构。非社会建构的观点认为，我们平时说的领域是一个自然的存在，也是固定的、国家主义的存在。社会建构的观点，如英国学者 Painter 的研究认为，社会建构的领域是对有界空间的占有和控制，领域的社会内涵开始凸显出来。在这个时期，学者认为“领域”是社会性、动态性和多尺度性的。我们可以从多个视角进行领域的社会建构研究，也就是去领域化和再领域化。而这种去领域化和再领域化可以从两个角度去分析。从第一个角度分析，可以把去领域化和再领域化研究划分为三个方面，一是资本循环领域，二是国家管治领域，三是社会斗争领域。从第二个角度分析，可以把去领域化和再领域化的研究划分为作为工具的和作为结果的两类，他们都有不同的表现形式。

最后是“网络”的研究。当前学术界对网络的研究已经较为常见，20 世纪 90 年代，卡斯特尔斯提出了“流动空间”理论。在更早的 20 世纪 50～60 年代，法国巴黎学派提出了行动者网络理论。这两个视角是比较常见的关于网络的研究，他们的核心观点认为，是流动性而不是固定性带来了社会空间的转型和流变。

上面是三个单一的维度，虽然每个维度都提供了比较丰富的研究视角，但是我们也发现它们有待进一步地整合。不少学者对单一维度的研究进行了批判。2008 年，Jessop、Brenner 和 Jones 认为，单一维度只是为分析更复杂的问题提供了一个简单的切入点，在概念和实践上都需要进一步深化。于是有学者开始了进一步的整合，包括整体性的对这三个维度的整合，和单一的维度整合。以网络和尺度为例，Brenner 在 2001 年和 Cox 在 1998 年都做了一系列的研究。后来，2008 年 Jessop et al. 提出了 TPSN 模型，相当于是对上述三个维度的整合，TPSN 模型分为结构化原则和运作场所，给了我们比较多的提示。但是这样一个模型也仅仅是概念性的，需要在实践中进一步充实。

第二部分，向大家介绍我的案例研究，通过案例研究来看多个社会空间维度的整合是如何进行的。深汕特别合作区，“深”是指深圳市，“汕”是指汕尾市。深汕特别合作区位于汕尾市西部，是所属海丰县下辖的赤石、鹅埠、小漠、鲘门四镇组成的一个地理区域，处于珠三角外围地区。深汕特别合作区的党工委和管委会是广东省委和省政府的派出机构，享有地级市一级经济管理权限，委托由深圳和汕尾两市共同管理。其中，深圳市和汕尾市所承担的职能又有所不同，深圳市主导经济管理和城市建设等，汕尾市则负责征地拆迁和社会事务等。

为什么要建立深汕特别合作区这样一个制度化区域呢？从大的政治经济背景来看，涉及全球性社会经济环境的变化，珠三角地区面临国内和国际两个层面不断激烈的区域竞争。此外，这两个城市在各项合作上都有相异但却相通的诉求，如土地、劳动力、金融、技术和管理等。与此同时，深圳和汕尾各个层级的政府也产生了不同的需求，在这种合作诉求的融合下，深汕特别合作区这一跨市合作治理的、独特的制度性区域应运而生。深汕特别合作区的建构和整合过程从2008年开始，2015年7月广东省政府常务会议审议通过的《广东深汕特别合作区管理服务规定》广东省人民政府令第216号，为深汕特别合作区的制度化运作提供了“基本法”。

第一个方面是深汕特别合作区建设中的再领域化。在深汕特别合作区建设过程中，存在三种再领域化趋势：首先是深圳市产业向合作区的转移，这是经济层面上的；其次，在政治层面，深圳市的管制权力也在向合作区进一步延伸；最后，汕尾市对合作区所在的四个镇进行了管制方面的重塑。

首先来看深圳市产业的再领域化。为什么会产生再领域化呢？20世纪90年代后期以来，深圳市面临着土地、空间等“四个难以为继”的危机的困扰，所以出现了资本的去领域化和再领域化。我截取了一些关于深圳城市发展中出现的去领域化背景的新闻报道，一些大企业开始离开深圳。然后，广东省、深圳市等政府机构在去领域化的基础上进行了再领域化。广东省尤其是珠三角进行了产业转移，在湛江、河源、汕尾等地进行了一系列产业转移园区的建设，这就是产业的再领域化过程。

其次，产业转移的同时也是管制权力跨界延伸的过程。具体表现在建设产业转移园的过程中，从深圳转移过去的企业仍然可以享受到与深圳企业同等的财税政策待遇，这应该是产业转移过程中所有企业都最为关心的实质性问题。与此同时，深汕特别合作区中人才资源的转移过程中，转移过去的人才可以继续享受深圳的社保，这个吸引力比较大。管制权力延伸的一个具体体现是深圳市给予了深汕特别合作区更多的资金和行政资源的支持，注入了非常多的深圳要素，包括干部等人才的配置。在这个背景下，深汕特别合作区的目标就是成为深圳的后花园，向东打造一个深圳的新城。

第二个方面是网络的建构，网络建构强调的是各个行为主体之间的关联互动。在深汕特别合作区的网络构建过程中存在两种网络，一是存在于两市之间的网络，主要体现为信息共享；二是存在于两市与广东省政府之间的网络，以政治动员为目标，体现为高级政府对次级政府的指导和次级政府对高级政府的游说。在广东省政府指导下，深圳市和汕尾市建立相应的联席会议组织来决定合作区的一些重大事项，这也涉及权力网络和资本网络的互动关系。

首先是基于政治动员的网络建设。这涉及深圳市政府向广东省政府游说，广东省政府给予深汕特别合作区一些重要的支持。例如，当时主持工作的汪洋书记给了一系列的指示，来自高层的指示起到了很关键的推动作用。另外，就是广东省政府和汕尾市政府之间的互动，体现为汕尾市政府向广东省政府的汇报、广东省的官员到地方上进行一些视察作为指导等，包括广东省省政府批准《深汕(尾)特别合作区基本框架方案》，广东省委、省政府授牌成立深汕特别合作区党工委、管委会。省政府还动员汕尾市、合作区各主体，以减小合作区建设阻力，推动地方的发展。

其次是基于信息共享的网络建构。主要体现在深汕两市间的联系网络协调各方行动，包括常规的交流形式、对口帮扶工作联席会议、两市高层决策领导小组等常态化的合作形式。

第三个方面就是尺度重组。在合作区建设过程中，涉及两类尺度重组过程：向上或向下的尺度的跳跃，尺度间行政权限调整。这里可以看到三个尺度：省级尺度、地级市尺度和次县级的尺度，尺度之间的平移和跳跃连成了网络。这一块涉及网络的建构，主要是平级政府之间的基于信息共享的网络合作，主要形式是尺度重组。为什么会产生尺度间行政权限的调整呢？由于这两个城市有不同的需求。此外，省政府提出了振兴计划，而深汕特别合作区的角色就是一个试验点。汕尾市一方面要配合广东省赋予合作区的一系列权限，这是尺度重组过程中非常重要的一部分，另一方面要为招商引资提供良好政策环境。

第四个方面是多维社会空间过程下的制度形态。这涉及刚刚提过的三个维度：尺度、领域和网络。

第三个部分主要是我们基于理论模型和深汕特别合作区的案例进一步推导的内容：多重维度间的相互作用和组合关系。

这里面涉及结构化原则和结构化场所，涉及领域、网络和尺度这三个维度之间的作用、包括网络和领域之间的作用、网络和尺度之间的作用等，有着不同的相应的内涵。例如，网络和领域之间的互动就是深汕两地之间跨边界的信息流动，由于时间关系我就不详细介绍了。

另外就是多重社会空间维度间的组合关系，三大维度之间的组合关系可以分成四种：实现关系、替代关系、并行关系、同一关系。他们分别具有不同的内涵，在深汕特别合作区里面有具体不同的表现。例如，并行关系是指一方面建构联系网络，另一方面调整尺度间权力关系，二者有共同的主体和对象，但彼此相对独立。具体表现在省政府一方面对合作区进行频繁视察指导，另一方面赋予地级经济管理权限。

最后一个部分，简短地讲一下文章的结论。第一，基于空间的制度化合作是城市合作的一种高级形式，也是市场经济发展到一定阶段的重要产物。第二，空间是分析这一合作形式的关键切入点，多重社会空间维度提供不同的分析思路。第三，我们不仅是一种多维的分析思路，同时我们还需要对它进行整合。而在整合过程中我们发现各个社会空间维度相互影响，具体表现为同一、并行、替代、实现等关系。

我的报告主要汇报这么多，感兴趣的同学可以参考相关的一些研究文献，谢谢主席！谢谢各位！

打造生态城市
——珠三角城市模糊性的环保计划与规划实践

CHEN Yanyan

(The Chinese University of Hong Kong)

主持人 Joe PAINTER：接下来，在茶歇之前还有最后一个演讲者，她是来自香港中文大学的 CHEN Yanyan。她的演讲题目是“打造生态城市——珠三角城市模糊性的环保计划与规划实践”。

CHEN Yanyan：大家下午好！我是茶歇之前的一个演讲者，来自香港中文大学的 CHEN Yanyan。我的演讲题目是“打造生态城市——珠三角城市模糊性的环保计划与规划实践”，我的演讲包括五个部分。近几十年，中国政府在改善环境以实现发展目标方面做出了很大努力，在这里我们可以看到很多关于环保的理念正在中国的大城市里推广，从中国最近的一些政治口号中可以看出新任领导班子对环境管理的意愿和决心，这也就是为什么现在很多相关概念被提出并借鉴过来。

这里列出的已有文献回顾了中国生态城市以及其他城市关于环境问题的研究。很多学者都认为中国提出最新的环保计划仅仅作出了承诺而最终并没有遵守，因此他们用自然资本的观点表达了他们对这一问题的关心，认为中国政府必须要采取新的策略去切实执行这些政策，实现他们的承诺。除此之外，一些学者还认为生态城市作为城市化的一种新趋势，其本质只是另一种形式的土地开发而不是保护。但是，有一些中国学者还是对这些项目持积极态度，他们认为生态城市会带来一种可供选择的发展途径，这就要求我们从现在开始推出试点政策，来增加改革的项目。在今天的演讲中，我不会去评判这些生态项目的成败，而会把重点放在生态话语的形成和它是如何被解释和物化为行动的这两方面上。因此，我有两个研究关注的重点，一是环境问题是如何被社会建构为话语的，这一情况反过来又对规划行为和过程产生哪些影响？二是就项目的实施而言，为什么有一些观点成功了而另一些想法却是失败的？

以下是我的博士论文，我的研究在珠三角选取了广州、深圳和佛山三个案例地。它们是区域内最大的三个城市，它们有各自特殊的中央政策、不同的地方社会背景、地方官员的不同偏好和意识形态。

今天，我将简要介绍案例地广州的情况。我在做这个研究的过程中对政府机构的官员进行了访谈，如规划局、环保局等。20 世纪 50 年代之前，广州有保护自然景观的优良传统。广州被称作花城，风水在城市的布局和区位选择中起到了至关重要的作用。在内城中有一块平地，北面环山丘，南面临水，这一环境在风水的理论中被认为是能够为当地人民带来好运的象征。到了 50 年代之后，时代关注的重点转向工业的发展，广州也毫不例外地开始了工业化进程，并对大量自然资源进行开发。到了 80 年代，经济上的改革使广州有机会去探索西方国家的理论与经验。这一时期是非常注重可持续发展的，因此广州政府也采取了一些主动措施开展环保工作，并在第十五次总体规划中强调了保护环境的重要性，这一阶段的发展愿景是强调城市竞争力。尽管当时的规划引起了诸多关注，但是在环境保护方面却收效甚微。2000 年是广州历史上里程碑式的一页，广州政府征询了国内外规划专家的意见，形成了一个新的生态城市的理念。我将着重介绍这一部分，并解释为什么这一新的生态理念被包含在广州的城市规划体系中。

以下三个关键词可以用于划分广州 2000 年以后的规划历程。第一阶段是 2000～2003 年的概念规划，我们可以看到这里存在一个宏观的环境理念，它强调的是空间发展战略，当时广州政府也希望将这一理念融入城市总体规划之中。到了 2011 年，陆续开展了一些详细规划，将更多与环保结合的内容放在里面。我们可以看出，生态城市的理念作为一个有凝聚力的城市发展愿景，代表了一种独特的广州空间战略。因此，关注的重点在于生态城市的整体框架，在这个框架之内找出在整个城市中如何去平衡不同的景观元素。其中，最值得关注的是“北肺”。这一概念展示了广州是如何限制北部地区开发的，因此生态理念已经在规划中有所呈现。无论是在交通、经济还是生态方面，我们都能在规划的文本中看到许多关于生态的叙述。第二个阶段的关键词是总体规划，其中一项重要原则是将生态保护和资源承载力作为宜居城市的先决条件。由此诞生了两个新的概念，一个是基本生态控制线，其目的是划定维护生态功能的底线；第二个概念是绿道，规划者们遵守“以人为本”的原则，试图在保护与发展之间实现双赢。由于广东省政府绿道项目建设的大力支持，目前已经取得了较大成效，同时绿道的建设成本较低，也使得在农村地区也可以建立村中自己的绿道。我不确定绿道的生态价值是什么，但是从生态政策的角度来看，绿道在媒体评论中的确说得上是一个好的范例。在第三阶段，在前面的两个战略之后，广州政府就开始着手在更加细致的空间上实施规划，因此采用了分区条例对空间进行管制，并且在不同的情况下使用了更多的指标和数字来促进城市规划的实施。我们可以在下面看到有许多项指标，但是在访谈中了解到，在十个指标中只有两个可以最终在详细规划中实现，一些城市规划师抱怨很难去理解新的条款。

除此之外，还要进行一个讨论环节。对生态城市的理解是基于“一个理想的可持续发展”的目标。这是植根于中国传统文化的一种平衡的视角。战略思想和系统思维能够很好地将生态知识与城市发展联系起来。然而，事实上规划师缺乏研究技能与足够的时间和资源去学习如何应用这些具体条款，如何寻找替代的解决方案，以及如何适应结果的多样性。因此，规划师们应当通过一个“边做边学”的自适应方法来学习新的先进知识。这一前瞻性的理念挑战了产业发展战略的观点，这对于政府利益而言是敏感的。因此，隐藏在承诺的话语与政策背后的相互作用是我们应该注意的。

我认为在政府之间存在两种关系，一个是不同层级间的关系，即城市政府与区政府的关系；另一个是不同部门之间的关系，如城市规划、国土资源、环境保护等部门之间的关系。第三点，我认为值得关注的是，此前可能我们了解到的是高级政府的宏观规划作用力较大，而现在更高级的政府往往更加依赖于地方政府的规划递交和实施，这一情况在广州体现得尤为明显。环境规划本身则在地方组织方面变得越来越具有社会性和政治性。同时，对协调发展的重视程度也越来越高，这也是为城市规划在环境问题方面提供了更多关注。目前在广州，环境规划是一个新的篇章，很多规划师都没有太多的经验，加之环境问题日益严重，自然资源更加稀缺，因此政府也需要借助多方力量来控制这些要素。

接下来介绍的案例是番禺绿化廊道控制性详细规划，这一规划可以说是在生态控制方面比较成功的案例之一。因为市政府非常支持整个项目的执行和发展，包括制定了相关政策，并对每一个细节在法规上作出规定。然而，这个案例不仅仅是在市政府的单独掌控之中，而是更多地体现了市政府与区政府合作的结果。没有一方具有最终的话语权，但更重要的是二者协调和谈判的过程。在 2003 年，已经建设了有四条这样的绿化廊道，而原来的规划设计仅为三条，最后一个绿道规划在东侧。这是由于市政府想要把还没开发的区域也纳入到本规划当中，本身广州城市中心已经没有大量土地可供开发，而这样的安排也没有违背各行政区之间的利益。由于土地是财政收入的重要来源，区政府与市政府之间进行了非常多的沟通，最终互相协调共同建设一个免费的绿廊。这一绿廊的建设面临诸多困难，首先是把成片的土地划分为许多小块的土地，这样会增加绿廊建设的成本，因此需要资金投入更多绿廊的建设。第二点是这里的土地利用情况是居住与工业用地混合在一起，涉及搬迁等复杂问题，因此将其转化为生态区域的难度相对较高。但是最后经过协调，市政府同意了这一绿廊的规划建设。

最终的结论是，话语建设是协调多方政府角色之间关系的关键性机制。一方面，话语被调动起来是为了确保规划行为符合政府的理性逻辑；另一方面，话语也为权力较弱的一方提供了争取他们自身利益的可能性。因此，协商的过程对于在环境话语与环境政策方面达成共识而言是十分重要的。

谢谢！

主持人 Joe PAINTER：非常感谢！这是第一阶段的最后一个发言，现在的时间是4点，我们将在休息10分钟后继续第二阶段的演讲。

香港特别行政区对边界禁区态度的变化：
后殖民城市的尺度重构

LEUNG Chiu-Yin

(The Chinese University of Hong Kong)

主持人 Tim OAKES:欢迎来到 Session 5 的第二部分,在这一部分我们有六篇文章,每位演讲者有 20 分钟的时间。有请第一位演讲者,来自香港中文大学的 LEUNG Chiu-Yin,他的演讲题目是"香港特别行政区对边境禁区态度的变化:后殖民城市的尺度重构"。

LEUNG Chiu-Yin:很荣幸在中山大学的这次会议上展示我关于边界区域的研究。跟香港的城市相比较,边界禁区的景观比较落后,这是因为某些原因,在 20 世纪后期将近半个世纪导致的。在我的研究中,我试图将香港从英国殖民地到回归中国转变过程的尺度重构概念化。因为有很多城市转型区,所以我想要试图概念化那些信息的类型作为先锋和边缘区域。香港现在是一个特大城市,深圳与它有相似的历史。很多文件提到了这些城市不同的行政区域的边界,这很重要。因为当我们探讨香港和大陆尤其是珠三角地区之间的融合问题,历史背景很关键。这些是很著名的网页,可以搜索到的一些照片的副本,左边是香港边界禁区,大概 2 800 公顷,1 万左右人口;右边是深圳,在中国经济改革中成为先锋城市,现在这个区域经济在不断增长。

我的论文主要探讨这个区域,算是一个缓冲区,其他的香港人除非有特殊的许可是不可以进入这个区域的。如果想要进来的话,必须与这个地方有历史上的渊源,否则不可以进入。这是殖民时期的情况。在 2002 年,这个区域开始开放,让外面的人进来工作和开发。我想要对比这个区域的过去和现在。在 2008 年,有几百公顷的边界禁区减少了,这个区域被分成了两部分。另外,还有一个更大范围的区域,这里标出了火车站、汽车、卡车过关的关卡等。

我的核心部分是研究边界管理体制的领域性变化,包括边界禁区重组的过程和后果。尤其是边界禁区作为殖民构建在日常生活、跨境经历、景观环境、地方认同、地理想象的不同之处。通过对比看景观的变化,在地图上发生了什么变化和社会构建的变化。这个区域在 60 年前是封闭的,但是现在重新变得开放,所以想要研究不同的建构和如何进入到后殖民阶段的。有两个问题，一个是当第二边境也就是内部边境被移除的时候，边境土地发生了什么变化？第二个问题是在新旧两种管理体制之间有什么过程的转变和矛盾？因为从1997年开始一国两制的政策要经历50年，仍然有香港问题，在未来我们要对待新的港深边界。

我们也可以从另一个视角出发，即把边界地区视为后殖民主义建构的产物，因为这一边界地区涉及某种尺度政治。它既是香港的一部分领土，也是未来港深，乃至香港与更大的珠三角区域一体化的关键。这是我想探讨的又一个关于殖民如何建立的问题或争论，我试图阐释我们是怎样将殖民政府部门概念化的。最终，我打算出版一部专著，试图探讨后殖民区域的公正问题。因此，这个研究是上述所有研究内容的基础。

我再次回顾一下背景。香港的边界禁区并不是在1997年香港回归后就立即开放的。相反，十年后这些区域才逐渐向外界开放。香港政府随即编制了新的规划，并对其采用了新的概念和新的措施。影响最大的是"第三次经济转型"，这是香港和大陆之间关系尤其是经济关系的重大变化，大陆试图利用香港作为改革的新引擎，广东省等地的高端工业可以进入香港发展。当然开始的时候，这一项目也受到一些官方的抵抗。在2007年，除了开放边界禁区的呼声之外，一些基础设施项目也已经上马了。在2007～2008年香港十大基建工程中，有四个与港深、港粤一体化有关。可以看到，政府对这些项目进行了大量的投入，在2004年之前，来往于香港和深圳之间的货车运输量始终占据总体运输量的绝大部分。2004年后，也就是SARS风暴之后，随着CEPA协议的签订，香港和大陆之间达成了更多合作协议，在运输量方面我们也能观察到这一转变，传统的"前店后厂"模式正逐渐被取代，私人汽车成为运输量增长的主力。交通运输客流也发生了巨大转变，2007年后来自其他地方的游客数量基本保持不变，而来自大陆的游客数量则呈现爆炸性增长，表现出同以往不同的需求。在更大尺度上，我们同样可以看到这一过程的反映，"十一五"期间，区域一体化是其重点关注的内容。他们也尝试将香港、澳门融入到整个规划当中，并开展生态、交通等方面的深入合作。但他们还停留在前期讨论层面，还没有正式实施，围绕其仍有大量的讨论和争议。因此，随着规划的实施，这些边界禁区将成为香港和大陆，尤其是港深一体化的重要组成部分。这些一度是绿地的区域将来会经历大规模的城市化发展。

在这些边界禁区，除了这些促进边界两端更广泛连接的基础设施之外，还有一些地区性规划，它们规划在香港边缘地区建设"新城"。这是政府和社会为促进经济发展而采取的举措，但同时也是官僚机构支配下的经济活动。落马洲河套区域便是这样一个例子，这是一块将香港和深圳分割开来的深圳河河道改道之后新填出来的土地，但由于其土地所有权不明晰，各种争议搁置了这一区域的开发。深圳和香港政府都在做不同努力，都希望可以参与到开发过程中来，但他们为各自的管辖权限争论不休。同样的争论也体现在其他规划工具，诸如地方规划和遗产保护政策的实施上。边界禁区的规划主要关注以下三个方面:首先,发展高等教育;第二,促进经济发展,包括旅游开发,以满足当地居民的需求;第三,保护自然景观,这是三个发展愿景中最重要的,绿带占据了整个区域非常大的规模。尽管受到绿带管制的限制,在边境禁区向外人开放之后,这一区域的开发还是马上就开始了,由于区域内大部分都是从未开发过的土地,这实际上是一种房地产开发。这里还将进行进一步的旅游开发。这些都发生在边界禁区开放后的一个月之内,这使得外人可以合法地进入这一区域,从而改变了区域的景观。落马洲区域的开发引发了诸多议题,过去这里的土地控制在当地人手中,但现在却转交给来自深圳的人,因为这一区域享有与深圳共同的历史;同时,土地的投机活动和商业买卖也开展起来,试图使土地继续为作为新殖民主义的资本主义服务。

这是另一边界禁区的区域规划,目前为止它仍然只是一个设想。涉及一些安全问题,边界线的其他部分都是封闭的,由栅栏和围墙组成。但在这里,边界两端是连接在一起的,现在凭借正式的护照,人们可以很轻松地去到沙头角的另一边,尽管他们还不能直接进入该区域外的香港境内。但问题是现行的区域规划仅仅是针对边界禁区周边的,真正意义上的开放并没有发生,外界人员的车辆仍然无法进入。因此,对于生活在边界禁区的群众来说,他们并不满意这一情况,修建轮渡码头耗费了 5 000 万港元,但每天仅有 200 多人使用。这些设施仅仅向当地人开放,尽管已经编制了更高层次和更高尺度的规划,一些宏大的基础设施工程也已经上马,但可进入性并没有得到改善。沙头角区域的香港一侧和深圳一侧有不同的边界,但其中的中英街部分双方人员都能进入,因此是双方共享的边界。香港一侧有实际边界线,这条边界线以外的人员要进入沙头角更为困难。大陆侧的管制稍为松缓,只要是持有通行证的深圳市公民都可以进入沙头角区域的中心,但他们仍然是不能跨过边界线的。中英街的左侧属于香港,右侧属于深圳,规模非常有限以至于深圳一侧的人们需要排队依次进入参观游览。但在香港一侧,由于政府认定这些建筑物是殖民时期遗留的非法建筑,它们将面临被拆迁的命运,这一现象在香港非常普遍。香港政府曾开展产权调查以使所有房产都可以登记在册,但中英街当地的力量非常强大,以至于前者无法进入其中开展这项工作,甚至在 70 年代当时的殖民政府也未能办到。因此现在政府的拆迁也遭到当地人的抵抗。这里面混杂有殖民主义和这些历史建筑是否值得保护等问题。因为在 1951 年之后,这些边界禁区也有新建筑、新村落建成,其中一些也可以被视为文化遗产。但香港官方并不承认它们,官方认为只有那些 50 年代以前的建筑才有研究的价值。但我们都知道香港是一座移民的城市,在 50 年代其实是有非常丰富的历史事件发生的。我们发现,被殖民政府认定的殖民区域是官方认定的有重大历史价值的区域,而非殖民区域没有被官方认定。新香港政府也采取了同样的区分方法来评估各个区域的价值,这在某种程度上是后殖民时代殖民主义手段的体现。

最后我想说的是，香港被视作一个“借来的地方，靠借来的时间过活”。我们应该在这个城市里面保护什么东西还是不确定的。如何在新的时空修复过程中调解与殖民历史的关系已经进入了一个更广阔的前景，如何处理 1951 年前后两个时期的关系仍有待解决。

谢谢！

欢迎还是驱逐？
美国联邦政府和地方政府对移民的态度

Miguel GLATZER

(La Salle University)

主持人 Tim OAKES：非常感谢！接下来的演讲人是来自拉塞尔大学的 Miguel GLATZER，他演讲的题目是“欢迎还是驱逐？美国联邦政府和地方政府对移民的态度”。

Miguel Glatzer：我的演讲关注的是美国的情况，这一话题跟中国也有很大关系，因为中国的城市也存在着外国移民的限制问题。但是在西方，移民政策问题同时涉及次国家尺度政府，这对中国而言可能是一个新的概念。而在美国，则存在着大量缺乏管控的移民现象。联邦政府是作为这一问题的主要掌控者，我列举了一些联邦政府的代理机构，这些机构有的承认接受移民，有的则对移民在美国工作采取消极态度。因为美国实行的是联邦制度，所以中央政府授权给 50 个州政府，他们可以根据自身情况来决定对移民接受的程度，下到城市、乡镇等次国家尺度的地区。同时，联邦政府也制定了相应的准则，给予次国家尺度的区域颁布地方移民政策的权力。美国的州和城市在很大程度是持欢迎移民的态度的，但是也有一些州是对移民怀有敌意的。一些移民政策认为这些人是非法进入美国并且没有身份记录的移民。当地还有一些关于移民问题的游行活动。

我将列举不同州的例子加以具体说明。加利福尼亚州是美国与墨西哥交界的边境州，1994 年加利福尼亚州举行了一个公投，所有市民都可以参与投票，并且投票结果最终也得到了通过。我们可以看到，加利福尼亚的公投结果是限制移民获得相应的公民社会福利，其中也包括了非法移民的子女无法获得教育福利，等等。然而，这个结果被联邦法院认为是违反美国宪法的。自此，联邦法院就形成了一个长期持续的讨论，探讨到底是州政府还是联邦政府具有控制移民政策的权力。当然这个就是宪法层面的问题了，你可以从中察觉到背后的政治斗争，表现出较为分裂的局面，也可以从中听到反对者的声音，他们认为这些移民是要继续生活在这里的，如果剥夺他们的子女上学的权利的话，就会产生很多社会问题。另一个例子则是最近发生的，在 2010 年的时候，美国各州再一次想要掌控制定移民政策的权力，因为联邦政府在这方面没有做好自己的工作，证据就是在美国仍有 1 200 多万非法移民，说明了联邦政府尽管有权力，但是却没有对移民进行很好的管控。因此，州政府认为他们有必要自己来管理这些问题，因为所花费的是各州纳税人的钱，包括为移民提供医保、增加额外的警力等。我再举一个亚利桑那州的例子，这是美国另一个与墨西哥交界的州，在这个州外国人必须携带登记文件，并且警察有对移民的自由裁量权，也就是说如果警察以任何理由，如超速驾驶叫住了你，他们都可以怀疑你是非法入境的，并有权查看你的证件。亚利桑那州的政策还包括了惩罚的部分，即当地公民不可以向非法移民提供租房、工作、交通等方面的便利。这一政策的目的是让这些非法移民难以在此生存，他们会因此而找不到工作、租不到房子，也害怕随时被警察捉住，直到他们回到自己的国家或搬到其他州。一些反对者抗议，认为政府不应当给这些非法移民办事。我们发现亚利桑那州受到了法律方面的很多提议的激励，大部分是在南部和西部，也就是共和党控制的地区。还有一些去工业化的州，有些是在民主党的控制之下，有些则是共和党的选区。另一方面，我们也有一些欢迎和包容移民的州的例子。这里你听到的一些城市都不是美国的大城市，这些城市也被称作“避难城市”，他们会利用联邦所承认的自治权，并声称他们不会与联邦政府合作，帮助联邦政府将非法移民驱逐出去。因此，这些州会告诉当地警察不与联邦政府合作，不检查移民身份，甚至即便发现了非法移民，也不会告知联邦政府，以避免他们被驱逐出境。

我们可以看出对于美国 1 200 万移民而言，不同的州态度是不同的。一些州是持欢迎态度的，他们认为移民应该受到一定的劳动法保护，让他们和其他美国的工人一样享有基本就业权益，并给他们创造一个安全的工作环境，而不是一味地对他们进行剥削。因此，我们看到已经有很多州推行了一系列措施以改善移民的就业环境。而如果想要阻止移民工作，则可以增加对移民雇主的罚款，还可以增加联邦政府“E 核查”项目的执行力度。我们知道，在美国社会福利是比较好的，也出台了一些针对孩子和临退休人员的福利政策。但是，这些都是联邦政府的项目，因此这些社会福利都是非法移民所无法享受的。而即便你是合法移民，也要等到五年之后才可以享受这些福利中的大部分。再让我们看一下美国数量众多的州，他们并不喜欢联邦政府制定的政策，而是想要出台自己的政策，这样他们就可以把一些社会福利延伸到移民群体，无论是合法移民还是非法移民。有时，他们这样做是去配合联邦的项目，他们会说，好的，如果联邦政府想这样做的话我们就会配合，但是资金方面需要联邦政府提供一定的支持，当然这也是由联邦所决定的。以驾照和身份证的政策为例，一些城市和州是愿意向非法移民提供驾照和身份证的，因为他们认为这样会使得驾驶更加安全，而且获得驾照必须要通过考试来证明自己有合格的驾驶能力，从而减少了当地安全事故发生的概率，也可以使人们更放心地生活在这里。除此之外，也可以制作多语言的表格，方便这些移民接受各类公共服务。

在美国所有的孩子都是可以享有免费的公共教育，但是如果是年轻人想要上大学是怎么样的，州立大学有两套价格体系，一个是本州的居民，一个是州外的居民，那么州外居民的价格会更高。因为本州的居民会要求支付更低的学费，也会要求更多的经济援助。不同意这样情况的人，会让居民的要求更难付诸实践，这样他们就不得不自己支付费用，或者离开了。那我们看一下房屋，很多移民的工资不高，他们的住房情况往往会过于拥挤。州可以选择严格的控制或者选择不加以干涉，比如六个人住在一个房间，州政府既可以处理这些人的身份是非法居留的，也可以对这个问题不作处理。那么城市或者大州在这些是否处理的政策背后的影响因素是什么呢？当地的社会团体、组织都很重要，还有就是政党的控制，还有城市。比如，民主党城市更可能是中心城市，同共和党执政的城市有时候会有利益的冲突。比如，费城是美国的第五大城市，在过去几十年，同美国东西部的其他城市一样，人口的总数是下降的，“二战”之后，他们的人口的增长是没有很大的气色的，唯一可以解决人口下降问题的方式就是移民。这就是为什么有一些城市是比较欢迎移民的。好的，这些是我演讲的内容。

谢谢大家！

作为城市可持续发展能力建设策略的平行外交：
以俄罗斯北部工业中心为例

Alexander SERGUNIN

(St. Petersburg State University)

主持人 Tim OAKES：下一位演讲者是来自圣彼得堡州立大学的 Alexander Sergunin，他的演讲题目是“作为城市可持续发展能力建设策略的平行外交：以俄罗斯北部工业中心为例”。

Alexander SERGUNIN：在俄罗斯也有移民，但不是我演讲的主题，在这里，我想跟大家谈一下俄罗斯北部是如何使用平行外交去解决问题的。我将会谈一下我的论文涉及的几个问题。首先，地方行动体的动机是什么？第二，他们是使用了什么样的策略工具或机制去执行他们的外交政策？他们会带来什么挑战？但是会为俄罗斯的国家主权作一些补充。

我要提到两个来自美国的政治学家，他们在 1986 年提出了平行外交的概念，这是全球化和区域化的成果，现在有国家层次和地方层次，还有非政府组织，在世界的经济和政治领域也有着重要的角色。我们有关于非平行外交的不同决策，关键的观点就是现在的俄罗斯联盟。有些人认为俄罗斯联盟会进一步瓦解或者中央化，就会有其他的行动体。有一些其他的看法认为在这个区域会有越来越多的民主，包括国家政策和外交政策背后的驱动。除此之外，其他人也有一定的保留，其他的流派也有自己的观点。有些人认为平行外交是有积极意义的；也有一些采取折中的看法，他们认为平行外交是全球化趋势的一个表现，也是我们实现可持续发展的一个手段，这种折中的看法是目前主流的看法和流派。现在我们看一些主要的问题，从 20 世纪 90 年代开始，俄罗斯主要采取以生存为主的策略。有一些区域实际上是废弃的区域，所有国家的政策都是放在基本的生存上面，而现在不同的政策重点转移到可持续发展。比如说边境的政策，都希望边境地区能够有更好的转变，很多的边境地区都使用平行外交作为建设能力的一种工具。

我主要通过欧盟的例子来解释国际合作的优势和平行外交的优点。如果我们要把不同的平行外交的方法进行分类的话，有两种方法，一个是直接的，另外一种是间接的方法。第一种方法会建立一些基于立法的关系，比如说建立一些框架或者是签订一些协议，或者在其他的国家建立一些办事处等。我们同时也要关注政府的权力。这也是跟国家的对外政策相关的,这些活动是跟联邦的权力相关的。目前约有100多种协议,都是通过联邦政府和国外的合作伙伴签订的,也有俄罗斯外交部的参与。这种方法通过观察俄罗斯对外的政策可以知道,也是比较昂贵的,因为需要建立办事处。但是很多的国家都做不到这一点,他们生产石油,还有其他的制品。像澳大利亚、美国等国家都有自己的办事处,但是因为太昂贵了,都没有办法坚持下去。德国也建立了煤炭方面的办事处,因为代价太高也难以为继。他们想在巴西建立自己的办事处,但是也失败了。只是建立了一年的办事处,就关门了,就是因为成本太高。

另外,国外的投资也是一种直接的方法和常见的方案,这个方法比较受欢迎。在俄罗斯的一些区域,会采用招商引资的方式,吸引国外商家代表参与,来提升这个区域的形象。这种方法一般用于边境的区域。俄罗斯树立起自己不同的形象和画面,也会展现自己不同的一面,提升自己的形象,受到更多其他地区和投资者的欢迎。这种非直接的方法还包括与国际组织合作,如俄罗斯与北极圈、欧盟,还有欧洲的城市区域政府和欧洲的区域大会,以及姐妹城市的合作。其中,最流行的方法之一是要提高自己的亲密度。为什么要增强相互之间的了解呢?这样可能会带来更多的投资,俄罗斯边境地区就是使用姐妹城市架构的搭建。希尔克里斯与尼克尔两个"姐妹"城市在2008年建立起来,这种合作会有什么问题呢?这种"姐妹"城市还有相似的关于一些工业的基础设施,像采矿、原材料,他们生产一些化学原材料和其他的材料。他们计划从尼克尔带一些劳工到希尔克内斯工作,因为尼克尔的劳动力非常丰富,是挪威的劳动力来源。尼克尔和希尔克内斯两个城市之间的距离很近,跨过边境就是了。怎么样把矿工每天带过俄罗斯边境去从事采矿和工作呢?他们想的是这样的计划,但是由于边境居民的反对没有成功。但是这样的方式是比较有用的,因为挪威和俄罗斯可以通过国外已有的很多类似的安排,让不同的劳工进行交流,这是可以实现的。另外俄罗斯在挪威有一个相应的社团,对促进他们的活动也很有帮助。虽然这个计划没有成功,但是这一类模型是很有意思的。我觉得他们的合作是心连心的合作,他们的想法可能跟我们不一样。

政府也出台了一些外交等方面的政策。例如,俄罗斯和芬兰之间边境区域的一些冲突,是关于土地销售方面的,他们在俄罗斯也是有代表的,可以促进跟联邦政府的关系,当然也会影响到俄罗斯海关等方面的政治架构。这种非直接的关系就是通过这些组织去产生影响的。

简单总结一下,这种边境的平行外交是非常重要的,对于俄罗斯人更是如此。我认为这种策略工具,不仅仅是一种工具,会变得常规化,而且也会更加有用,也可以帮助当地的区域提高自己的竞争力,也可以使俄罗斯更加有前途。

“他方之草格外绿”
——香港边界的村庄如何划定生态防御绿线

TWU，Jeffrey Chih-yu

（Columbia University）

主持人 Tim OAKES：接下来的演讲人是来自哥伦比亚大学的 Jeffrey Twu 博士，他的演讲题目是“‘他方之草格外绿’——香港边境的村庄如何划定生态防御绿线”。

TWU，Jeffrey Chih-yu：大家下午好，感谢大家参加今天的会议！在报告之前，我想说我事实上不是一个地理学家，我是研究政治方面的。因此，尽管我的观点和方法涵盖了地理学的微观研究，但可能跟大家所理解的地理学概念有些不同，我看到的是在这个区域里做的人文方面的研究，这就是我报告前的一点点介绍。有一件很有意思也很巧合的事情是我的同事今天也在此作报告，并提到关于香港和内地的边缘问题。他讲得非常好，让我们看到了这些边界与监管之间的联系。对于这一方面我们可以深入地看看人们是怎样在这个边界进行互动的。

我今天讲的是香港的有机农业和政治观念形成的内在联系，还有香港政治环境的形成。我感兴趣的是环境保护作用力的动态变化是如何指导当代香港在文化和政治的保护方面的实践。我认为这种关系要从被破坏的农田和土地脆弱性讲起，对今天的香港人存在外部的影响，所以我们应该从危机角度去看。这一点在香港也是特别重要的。

我的研究里面，传统农业景观、土地和本地蔬菜种植的纯净常常是在被污染的道德与文化的统一性中幸存的几个有关因素。在演讲中我想提出一个概念，我认为环境保护是当地市民在实践中提出来的。尤其是当政治地理的边界慢慢从地图上消失的时候，他们是如何把政治地理的边界重新建立起来的呢？所以这就是我今天想跟大家讨论的问题。

首先我想讲的是背景。2008 年当地居民关心的主要是绿色农业的可持续发展问题，他们通过研讨会和工作坊的方式开展活动。这个工作坊被证明是非常成功的，并且吸引了香港当地居民去参与他们的活动。他们讨论了很多现在严重的社会议题，包括资本、食品安全、水安全、国际经济业务等。这些问题影响了人们今日的生活方式，人们期待有一个绿色健康的生活方式。乡村拥护者认为，社会问题得到了非常多的中产阶级的支持。进一步说，他们通过研究充分解释了这种健康的生活方式，并让社区居民可以更好地了解和想象在香港未来的生活方式和创造更好生活质量的可能性。

为了节约时间我这里跳过一些内容。所以我演讲的重点将会放在一个农村区域，今年我在这个区域做了一些初步的研究。1/7 的主要社区参与了有机农业，他们有自己的有机农场。下面这些信息可供你们参考，很多人说在香港没有农业，这个是不对的。最新的发现是，在香港有 200 多个大大小小的有机农场，这个数字也是让我始料不及的。和那些高产的农业社区不同的是，这些地区都是接近边界的地区，近几年他们变得非常有名，他们重新改变了香港的农业与生态保护，这些社区重新创造了香港的农业结构。

我们的研究主要基于本地的一些外来参与者，他们也吸引了更多人参与其中。例如，参观的游客可以了解这里供应链的运作、有机农场的技术、乡村的历史等，包括当年来自中国大陆的一些难民的故事，这些都是六七十年代的事情了，这里也是一个有很多故事的地方。来访者还可以了解当地人反对政府的提议，他们并不愿意按照政府的意图把靠近边界的这片区域变为一个工业区。我的意图是想要说明这些人和当地的组织都想要去保护这些地区的原生态风貌。

他们种植一些蔬菜、香蕉和其他农产品，但我发现了一些我以前从来没有想过的问题。如果有机农业在香港从来没有得到很好的收益，在市场和规模也没有占有很大比重，那当地人为什么还要投资这么多钱去发展如此昂贵的有机农业呢？可能做这件事是并没有可预见的回报的。绿色生态种植和保持耕地的生态花费是很高的，而且从金钱的角度来看，村民们并没有因此而获得很多收益。但哪怕他们的受益并不是很多，他们也要保持他们的绿色空间，他们强调这是他们的责任，他们要保持这片区域原生态的环境。另外一边则是边界对面的人，也就是充满商业气息的深圳。我的导师曾说，大家必须要保护土壤和植物，否则的话香港还剩下什么呢？香港将会灭亡。另外，我的导师还说，当他在看深圳的写字楼的时候，这个绿色空间交界的边界就是我们最后的防御，我们要保护我们的生长环境。因此，我被当地生态保护的观念与方式深深地吸引着，但同时也疑惑着，我和这些村民进行的关于当地生态敏感性等话题的交谈也使我很受启发。在香港、新界的农场也受到很多关注，看起来在香港现在的政策对发展有机农业方面的阻碍是非常低的，至少在策略层面是这样的。

这里的村民实际上是提前考虑了未来的生存问题，他们在这里扎根，他们在处理和生态的联系方面也有自己的意识形态，尤其在人类学里其实“本土”是有双重含义的。本土在翻译中的单词对应的是 localism，本土主义是优先代表着当地群体感兴趣的声音，它也是一种思维方式，这种思维方式是不可以连根拔除的。我的这个关于香港运作的尝试性论证可能会使我们更多地超越政策本身，而是注重自身的发展与外部的联系。我论证了有机农业是非常重要的生活形式，也是在保护环境与本土特色领域的产物，看起来带来了很多在本土这个领域里可借鉴的东西。

我现在想暂停来思考一下可持续性发展与保护本土两个领域的联系，去设想香港在有机农业这种生活方式中的做法，尤其是在做调研时是非常有必要的。我们希望看到更多的绿色趋势，在边界地区建立生态绿色保护带是非常重要的，这也是刚才我同事在他的报告中提到过的。香港的绿色生态保护带的的确确有自己的环保目标，但是在香港一些稳固的阶级中，支持的声音却并不是很多。我的研究证实了实施有机农业这个政策的时机要与政府的发展提案相一致，尤其要客观地看待边界的两边，即香港和深圳，香港政府发展东北部的政策要和大陆发展深圳的政策保持一致。此外，利益相关者也会提出他们自己的议程，对于他们关心的一些重要的点进行干预，目的是希望可以把农业用地保护好，试图阻止香港政府和开发商把农业用地变成住宅用地和工业用地。因为一些居民认为政府开展工业的倡议是不公平的，所以他们的出发点在于保障当地居民的权利。绿色有机农业可以保护环境，使当地的文化存活下去，同时吸引媒体的关注，从而保护好环境。在土地价格、农业价格和边界承载力之间的挣扎中，乡村拥护者也惊奇地发现一些非常少见的来自绿色蔬菜与有机农业的同盟。这一策略认为在有机农业、可持续生态环境和科学发展的背景下，利用各种技术可以保护我们非常脆弱的市区。

首先，身份的保护和空间的保护都是非常重要的。我想强调的是，生态和意识形态是紧密联系的，农场的地理位置很重要。大部分在香港的农场都位于香港的北部或东北部，这些地区如果在今天的中国大陆也是要严格控制的。我认为我的报告中提出的很多问题是不在中国的人所难以理解的信息。有些人不了解这些背景，他们问我香港不是中国的一部分吗，那你为什么要讲这些边境呢？这很明显就是政治地理的问题了。

有一个离边界非常近的工业区，这是一个非常靠近边界的站点，过来这一点是沙头角的警察局，另外一边就是深圳的城区了，也是发展商业的地方。从这里可以看到香港的天际线，此处也是村民和其他的志愿者想要保护的最后一道绿色防线。这些跨河的边界，也是需要保存下来的。一个在深圳的同事告诉我，这个在河道旁边的绿色边界是香港和深圳边界中最后的绿色防线。这个人的话使我有了一些想法，换句话来说，在香港农业保护的地理政治边界要怎么做才比较好？在绿色防护线和有机农业这些领域的有效的发展逻辑应当是什么？我在香港和大陆边界的逻辑方面进行了尝试性的研究，意识形态方面实际上和地理边界的防护是有很大关系的，这里是一个绿色的地带，也是有机农业的区域。尽管城镇化是不可以避免，但是如何保护边境的绿色环境呢？

同时，我们也要考虑到香港的特殊情况，也就是一国两制的体制。但随着时间的推移，香港和大陆之间的边界也在逐渐蜕化。如果从超越地图的层面上来看这个边界，当地居民意识到他们的行为必须为了保护香港的景观，因为对面是城镇化快速发展的深圳，两边对于农业体系与自然环境的认知也存在着完全不同的哲学思考方式。但是香港人要保护他们的环境，他们非常看重农业和自然环境。

在我总结今天的报告前我想跟大家提到的是，如果你看到香港边界的实景会更加惊讶。在香港和大陆的边界有一座建筑非常华丽的酒店，如果你坐电梯到 96 楼就可以看到这个景观，这边是香港，那边是大陆。以上就是一些我比较感兴趣的问题，涉及香港的农业发展，而在这个研究领域我还是一个比较新的研究者。最后，我想引用香港某个机构成员刘女士的一句话来总结我今天的报告：我们有高度自治的制度，应该在内地与香港之间树立一道防火墙，我们有自己的生活方式，我们解决自己事务，内地只负责国防和外交。但是在绿色防护、有机农业和生态保护方面，我们希望保持和重新创造属于我们自己的生活方式与做事方式。如果我们可以这样做的话，我们就可以用这样的防护墙把政治空间和经济空间分开来。

谢谢！

超越失业：非正规就业与当今中国街头摊贩动机的异质性

黄耿志

（广州地理研究所）

主持人 Tim OAKES：我们接下来要调整一下日程，由于下一位演讲者要赶飞机不得不提前离开，因此我们有请来自广州地理所的黄耿志先生带来他的研究"超越失业：非正规就业与当今中国街头摊贩动机的异质性"。

黄耿志：今天我将会跟大家分享一下我的研究成果，即为什么有些人会从事街头摊贩生意，以及在中国如何去理解他们的这种行为。首先，我们看一下中国非正规就业的总体情况，根据我基于人口普查数据的估计，中国共有 1.14 亿人是受雇于非正规经济的，占城市总就业人口的 33%。而这一比例在 1990 年仅为 14%，可以看出在 20 年间这一比例增长了 17%。非正规就业成为了中国城市移民一种重要的生存方式，中国的城市特别是在许多南方城市里面，政府对非正规就业是持敌对态度的。街头摊贩是被城管拒绝进城的，随之带来的结果就是很多冲突的发生。街头贩卖作为一种谋生手段，如今却变成了城市移民冲突的根源。这个现象背后的问题是，为什么在长期抑制的环境下街头摊贩的非正规就业仍然持续存在？为什么驱逐政策没有导致非正规就业的萎缩？本研究提出了两个核心的研究问题。一是，为什么人们选择从事街头贩卖？二是，他们的选择与后改革时代中国的转型有什么联系？我想要找到街头贩卖现象的背后驱动因素，以及理解这些因素在社会转型中的意义。

可能这些不是政治地理学的问题，但是我也有一点启示，我认为这对于政府决策的制定是有着很大意义。那么，看待为什么会有这么多人选择街头贩卖这一问题，有多少个不同的理论视角呢？传统的视角是二元论，二元论将城市经济分成两个部分，一个是正规就业，一个是非正规就业。这一理论认为，非正规就业是源于城市为农村劳动力在城市本地提供了大量就业机会。非正规部门的发展主要有以下几点原因：一是现代或正规部门的就业短缺；二是工业化的不发达，经济衰退和危机；三是人口的增长和城乡人口流动。从二元论的角度看，街头贩卖被视为城乡移民谋生的一种被迫的也是最后的选择，同时也是一块进入正规部门的“踏脚石”。工业化和现代化最终会使得街头贩卖融入现代经济系统中去。本文对街头贩卖非正规就业的研究的确是支持失业作为原因这一论点的，但我在这里想要强调的是与失业无关的其他因素。

现在我们尝试着转向其他研究视角。第一个是新马克思主义视角。从这个角度看，非正规就业是资本家使用的一种策略，用来降低生产成本，并以此削弱工人的力量。这些策略导致工人的工作环境和工资下降，并导致社会福利的缺失。因此，非正规就业是一个应对新自由主义劳动力市场快速变化的一个策略。另外一个就是合法性的或新自由主义的视角，从这个角度看，街头贩卖是一种应对不合理管制的一种自发行为。这一视角是由很多专家如 Maloney 和 Perry 提出的。他们认为街头贩卖是人们自愿选择的，并且享受了非正规性的优势，如增加了就业的灵活性和自由度，还可以节省很多税收方面的成本。因此，关键的一点在于，非正规就业人员根据自己的需求和能力选择自己的职业，而不是被排除在正规就业之外。他们没有选择受雇佣的就业是因为他们更喜欢自我创业的独立性。越来越多的文献认为这些观点是互补的，而不是竞争的，这些观点都有助于了解非正规部门的发展，如街头贩卖。我的观点并不是否定失业论，而是补充了一些被忽视的因素，从而更好地理解在城市中坚持街头贩卖的现象。除此之外，我的研究也强调了街头贩卖的异质性和在中国改革后时代存在的意义。

我们在广州进行了案例研究，包括在 20 个流动贩卖点对 200 个街头小贩进行了访谈，这项调查从 2011 年 10 月到 2012 年 1 月共历时四个月。从受访者的基本信息可以看出，超过半数的街头小贩都是男性，其他 41%是女性。大多数小贩是从农村来到城市的移民，只有初中或小学文凭。其中，2/3 的街头小贩都是来自广东以外的省，如河南、湖南、河北等地，也包括很多的少数民族，如回族、苗族、藏族等。

根据以往的工作情况和他们从事街头贩卖的动机，将街头小贩分为五种类型。第一种是辞职的工人，占 48%。这部分人由于过度剥削的工作条件而放弃了之前的工作岗位。第二种是农民，占 19%，他们从事街头贩卖的主要原因是认为“种田不赚钱”。第三种是失业者，他们找不到工作而将街头贩卖当作最后的生存手段。第四种是小商人，他们或遭受了生意失败，或在开始和维持一个正规商业上遇到了困难。最后一种是城市工薪阶层，由于工资低下，他们参与街头贩卖以补贴家用。这部分我不想讲得过多，因为接下来会更详细地分析背后的推动力是什么。

下面是对街头贩卖动机的分析。对第一类群体而言，他们曾经在工厂里面工作，如从事纺织、电子制造业等产业，他们的离开不是由于工厂关闭或经济危机而作出的被迫选择，而是他们自己选择非正规工作以逃离过度剥削的雇用工作，因为在工厂常常超时工作，工资收入很低，并且缺乏自由和自尊。一位曾在工厂工作的受访者说，工厂不成文的规矩是一般应该在 8 点下班，而工人却要工作到晚上 10 点，并且工厂常常扣除你一个月的工资作为抵押，一旦你离开，你就失去这笔工资。但如果不离开，工资经常被拖欠好几个月，所以几个月后这位受访者选择了辞职。这种过度剥削的工作条件是与中国的工业化模式相关的，其特点是低端产业，凭借廉价的劳动力以保持成本竞争力，这些劳动力常常缺乏劳动保护。因此，街头贩卖是作为应对掠夺性的现代雇用工作的一种替代性选择。

第二类群体是进城务工的农民，他们季节性地、有目的地进入城市谋生，以此补贴他们微薄的农田收入，同时保持在乡村的农业工作。这类群体的动机与乡村贫困紧密相关，农村的贫困是中国不平衡发展战略的结果，给予城市地区的优先政策往往是以在农村地区的欠发展作为代价的。因此，街头贩卖是贫困农民的一种有效的策略，也是使之与强加给他们的贫困就业结构相抗争的一种手段。由于时间有限，我在这里就不展开讲案例了。

第三类群体是失业者，他们没有其他选择而不得不以街头贩卖为生。这类群体包括国有企业改革中的下岗职工、被私营企业解雇的工人、被排除在劳动力市场以外的工人如残疾人、流浪者、有前科的人等。

第四类群体是小商人，他们走上街头贩卖是为了解决企业的困难或绕过制度的障碍。对他们而言，街头贩卖是生意失败者谋求东山再起的策略，是弱势商人能够继续从事个体经营的一种选择，也是新商人开始创业的一块有力跳板。

最后一类群体是城市工薪阶层，由于城市贫困、低工资和通货膨胀，低收入群体选择街头贩卖作为兼职以补贴他们的基本收入，同时也可以提高经济的安全性。正如一位受访者问到的，月薪 1 000 元如何支撑起整个家庭。从广州低收入人群的家庭收入支出统计情况中我们可以看到，家庭总收入和总支出之间的差距超过 1 000 元，而工资收入和生活性支出之间的差距则超过了 2 000 元。

来到结论这一部分。在实证研究的结果方面，我们可以看到在中国城市中街头贩卖的产生是多种类型的城市移民应对他们所面临的不同困难处境的一种结果，这一现象也与改革开放后的中国社会经济转型密切相关。街头贩卖既能够帮助这类群体谋生或改善生活，也能够获得工作的灵活性与自主性。

在理论影响方面，我认为关于非正规就业的诸多研究视角都能够在一定程度上解释当前中国城市街头贩卖背后的驱动因素，但它们中的任何一个都不能单独解释所有的原因。这暗示着我们需要一种综合的理论视角来看待当今的非正规就业发展动态。

最后，本研究的政策影响包括三个方面。首先，街头贩卖的存在对中国的发展做出了贡献，它可以作为一种应对发展中所产生的社会问题的解决方式。其次，取缔政策是不明智的，因为它剥夺了普通劳动者应对社会转型不利结果所实施的有效策略，取缔可能会引起更多棘手的问题。最后，小摊贩其实是一个大问题，因为它反映了社会转型中各种弱势群体所面临的多重问题。因此，为这类群体提供支持性政策有助于解决上述各类问题。

以上是我演讲的全部内容，谢谢！

多中心的城市

——区域土地开发中的国家尺度政治:中国的案例

李　禕

(南京大学)

主持人 Tim OAKES:非常感谢黄耿志带来他的演讲,时间也控制得很好。那我们就有请最后一位演讲者,来自南京大学的李禕博士,她的演讲题目是“多中心的城市—区域土地开发中的国家尺度政治:中国的案例”。

李禕:谢谢!我非常荣幸可以来到这里跟大家分享一下我做的一些研究,首先我想感谢前面所有的演讲者,他们跟我分享了一些有趣的故事,比如说国家和区域之间的动态关系,也谈到了尺度、环境等方面的话题。我不得不承认我的研究相比而言没有这么强的吸引力,从题目中可以看出我关注的是中国不同层级之间政府的关系和土地发展的政策。作为最后一位演讲者也不是一件糟糕的事情,我可以节省一些时间。

近年来,有很多关于城市—区域的热烈讨论。例如,城市区域是如何发展的,如何去理解多种类型的城市区域。越来越多的学者认为城市区域的发展不仅仅是经济的发展,也是由政府的政策所干预或引导的。2010 年我们就开始了研究,我们用到一些重要的关系和方法,如关注经济的核算和尺度关系的变化,因为城市区域的研究需要将不同层级政府都包括在内。我认为这个研究视角也很契合中国的国情。越来越多的学者意识到,中国的城市区域结构不是自发形成的过程,而是受到财政收入的驱动。我认为这些新的观点能够解释中国的现状,但是我认为还有一些研究也是值得关注的。例如,关于国家和市场之间的关系,国家如何利用市场工具为城市发展提供支持。他们认为这些基于城市发展的观点是非常直截了当的,但是实际上在城市内部也会有不同层级的政府。因为众所周知中国有着非常复杂的城市体系,当我们提到一个城市的时候一般包含了不同层级的政府。城市行政区政府构成了城市政府的基本支撑结构,同时也有相对独立层面的政府,如县级政府,说更为独立是由于它们有自己的财政收入,也就是说它们在土地方面可以获得自己的利益。除此之外,在中国的行政体系结构中还有一种典型行政主体,是越来越多城市自其边缘到城市区域之间分布的众多小城镇。将城市行政结构进行简化,我们看到两种主要的城市行政结构,随着当今诸多城市都在进行权力的去中心化，并将权力下放到地方政府，包括行政区政府以及县级政府，使这些行政区、县市等政府层级都能够享有土地开发的权力。过去的城市结构相对紧凑，这种权力去中心化就没有表现出其优势与利好，这是由于过分关注城市中心的发展，而忽略了位于边缘小城镇和县的土地开发。而随着城市的扩张，城市周边可开发用地愈发紧张时，上级行政主体就会开始蚕食城市郊区的土地，希望在外围地区找到更多土地资源，于是这种现象就会造成一种不同层级政府之间的关系紧张。因此，我认为前面所讲的这种不同层级政府治理的结构性工具，能够解释不同城市区域发展格局的分异过程。

为了更具体地说明这一过程，我试图通过两个案例的对比来进行分析。我选择位于长江三角洲的江苏省作为案例地，主要因为江苏省是中国最富有的省份之一，这里有大量的土地开发项目，足见其代表性。在这里我选取了两个城市，因为它们显示出不同的政府层级结构。第一个城市是南京，它下面有一些行政区级政府和县级政府；第二个城市是徐州，其下辖仅有县级城市政府。南京江北新区的前身属于一个独立的城镇，在 2002 年发展比较缓慢，并且还是一个典型的工业主导的边缘型城镇。随后，由于城市政府已经开发完所有的土地，因此必须是要跨越长江向外扩张，而原先在其他土地资源还没用完时，考虑到桥梁、隧道等工程的建设和资金问题，政府并没有跨江发展的打算。最终在 2012 年，南京市政府决定开始建设国家级新区江北新区。由于新区政府是隶属于南京市政府的，因此他们很难拒绝上级政府的要求，因此在这种情况下，两个层级政府之间的合作还是有一些紧张的趋势。江北新区建设是市政府提出的想法，这就意味着它是一个市级项目，由市政府负责规划、开发和其他有关事项的决定。但是，在规划中江北新区的中心占用了市政府开发项目用地，而由于市政府看中了这块土地，因此区政府在建的先前项目必须进行搬迁，并为市政府规划腾出发展空间。这就为区政府带来一些困难，因为它们只有有限的资源投入物质建设。这片区域过去是由区政府管辖的工业用地，但是市政府想要介入这片区域的开发，区政府只能让位于市政府，同时承担利益损失。而在市政府建设完成后，区政府方面需要进行基础设施的维护，这可能会导致一些对于未来不公平的争议。也就是说，市政府在开发阶段把大部分的土地收入纳为已有，而区政府方面却必须为今后的社会再生产和设施维护负责。

另一个是徐州的案例，这个案例或许更为有趣。他们正在徐州市的下辖县睢宁建设新的国际机场。一般来讲，如果城市有在建的大型基础设施的话，就会形成一个多中心的发展格局，因为此处正在形成一个新的交通枢纽。但是，我们发现这个区域的发展却十分缓慢，这是由于徐州市政府与睢宁县政府之间的关系比较微妙。徐州政府想要介入开发因为他们认为这一项目是十分有前景的，因此他们说我们可以共同推进工业园区开发，毕竟徐州以外的大多数人并不了解睢宁、认识睢宁。而对睢宁而言，县政府其实并不同意市政府的建议，因为他们认为这是我们分内之事，不想与其他利益主体共同分享发展所带来的成果。但同时睢宁也意识到他们其实需要徐州市政府的支持,因为从县级政府的层面来看,他们没有财政能力来支撑如此大型基础设施项目的建设。经历了一段时间的纠结,最后作为妥协双方政府进行了共同协商,既然睢宁县政府需要获得上级政府的财政支持,那么县政府就考虑转让出一部所有权交给市政府。而睢宁县政府方面的考虑是,如果这个项目最终成功的话,徐州市可能会将睢宁县合并成为自己的一个行政区,在这种情况下睢宁就损失了相对独立的行政权力,得不偿失,所以目前这一谈判协商仍在继续。

最后,到了本研究的结论部分。在中国城市的发展涉及各个层级政府,因此是在行政主体范围内的一种内在的复杂机制。南京采用兼并的方法来实现城市区域的发展,而徐州的管治状况则是基于城市管理乡镇的行政体系,因此也增加了不同层级政府之间协调谈判的难度。这两个案例也体现了中国多中心城市区域发展的结果。

作为结束语,我认为与西方或全球城市区域格局的形成相比,中国城市区域格局的形成是由城市边缘区暗含的土地资源争夺和土地投机所驱动的。围绕土地利益展开的尺度政治与中国现行的城市行政管理体制密切相关。在本研究的局限性和对未来研究的启示方面,我认为中国城市未来仍面临多种的挑战与困难,本研究仅关注了行政区层面和县级层面的行政主体,今后我们应当更加关注其他层面的政府,它们都对地方的发展过程起到重要作用。

谢谢大家!

主持人 Tim OAKES:好的,感谢你带来的精彩演讲。现在是6点钟,我们今天下午的会场 Session 5 部分即将结束。最后,再一次感谢各位演讲者,那我们就到此结束,谢谢大家!

会议照片

陆大道院士作专题报告

Alexander MURPHY教授作专题报告

刘云刚教授作专题报告

各国学者集聚一堂的圆桌讨论

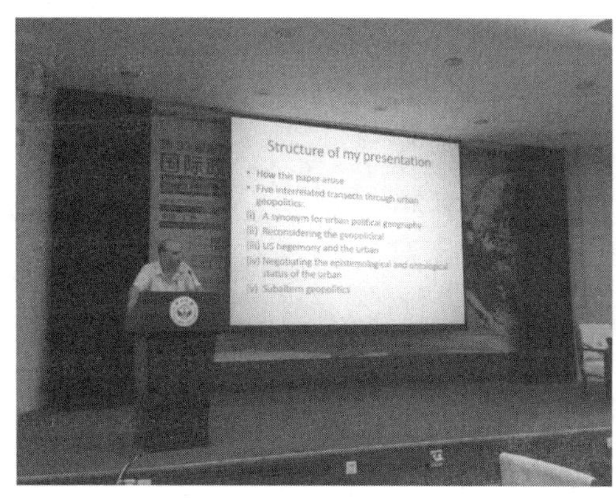

James SIDAWAY教授作专题报告

Tim OAKES教授作专题报告

Joe PAINTER教授作专题报告

Takashi YAMAZAKI教授作专题报告

Virginie MAMADOUH教授作专题报告

会场内东、西方交流

大会闭幕式

颁奖典礼

广州城区考察

深港边界考察

大会合影

2016 国际政治地理学前沿论坛参加人员名单

（不含未正式报名者，按姓氏汉语拼音音序排列）

A	Adriana DORFMAN	Universidade Federal do Rio Grande do Sul
	Akihiko TAKAGI	Kyushu University
	Alexander MURPHY	University of Oregon
	AN Ning（安宁）	University of Glasgow（格拉斯哥大学）
	Alexander SERGUNIN	St. Petersburg State University
B	保继刚	中山大学
	Borislav NIKOLTCHEV	University of Oklahoma
C	CHEN Yanyan（陈嫣嫣）	The Chinese University of Hong Kong（香港中文大学）
D	De Leon Petta Gomes Da COSTA	University of São Paulo
	杜德斌	华东师范大学
	董双华	广西大学
G	葛岳静	北京师范大学
	George LIN（林初昇）	The University of Hong Kong（香港大学）
H	何光强	华中师范大学
	贺小婧	北京师范大学
	胡志丁	云南师范大学
	黄耿志	广州地理研究所
	HUANG Linyan（黄林彦）	Laval University（拉瓦尔大学）
	黄贤金	南京大学

	HUNG Po-Yi(洪伯邑)	National Taiwan University(台湾大学)
	黄杏瑜	中山大学
J	James SIDAWAY	National University of Singapore
	Joe PAINTER	Durham University
	Jussi LAINE	University of Eastern Finland
L	Lesley CROWE-DELANEY	Curtin University
	LEUNG Chiu-Yin 梁超然	The Chinese University of Hong Kong(香港中文大学)
	李　红	广西大学
	李贵才	北京大学
	李　禕	南京大学
	廖开怀	广州地理研究所
	刘大庆	解放军信息工程大学
	刘玄宇	华南师范大学
	刘玉立	北京师范大学
	刘云刚	中山大学
	陆大道	中国科学院地理科学与资源研究所
	卢万国	广西大学
	骆华松	云南师范大学
M	马学广	中国海洋大学
	Martin van der VELDE	Radboud University Nijmegen
	Merje KUUS	The University of British Columbia
	Miguel GLATZER	La Salle University
N	南文龙	华南师范大学
Q	QIAN Junxi(钱俊希)	The University of Hong Kong(香港大学)
R	任建兰	山东师范大学
	Sergey GOLUNOV	Kyushu University

S	史卫东	山东泰山学院
	宋 涛	中国科学院地理科学与资源研究所
	孙 通	中国科学院地理科学与资源研究所
T	Takashi YAMAZAKI	Osaka City University
	Tim OAKES	University of Colorado
	TWU，Jeffrey Chih-yu	Columbia University
V	Virginie MAMADOUH	University of Amsterdam
	Victor KONRAD	Carleton University
W	王丰龙	华东师范大学
	汪 丽	西安外国语大学
	王燕飞	云南大学
	王 洋	广州地理研究所
	韦永贵	广西大学
	吴旗韬	广州地理研究所
X	肖 星	广州大学
Y	叶玉瑶	广州地理研究所
	殷冠文	山东师范大学
	应婉云	南京大学
	袁家冬	东北师范大学
Z	张和强	台湾大学
	张 宏	解放军信息工程大学
	张虹鸥	广州地理研究所
	张 晶	解放军信息工程大学
	周尚意	北京师范大学
	朱 竑	华南师范大学